照明設計 500

設計師不傳的私房秘技

漂亮家居編輯部 著

CONTENTS

CHAPTER

1

006

天光共舞

CHAPTER

機能作用

058

2

CHAPTER

情境風格

130

3

CHAPTER

4

214

修飾空間

INDEX

a space.. Design	02-2797-7597	甘納空間設計	02-2795-2733
KC design studio 均漢設計	02-2761-1661	六相設計	02-2325-9095
ST design studio	0975-782-669	竹工凡木設計研究室	02-2836-3712
PartiDesign Studio	0988-078-972	考工記工程顧問有限公司	04-2203-3880
TBDC 台北基礎設計中心	02-2325-2316	奇逸空間設計	02-2755-7255
工一設計	02-2709-1000	尚展空間設計	02-2708-0068
木介空間設計	06-298-8376	福研設計	02-2703-0303
大名╳涵石設計	02-2397-5288	禾光室內裝修設計	02-2745-5186
沈志忠聯合設計	02-2748-5666	杰瑪設計	02-2717-5669
大晴設計有限公司	02-8712-8911	近境制作	02-2703-1222
大雄設計	02-2658-7585	采荷設計	02-2311-5549；07-236-4529
方構制作空間設計	02-2795-5231	品楨室內空間設計	02-2702-5467
森境 + 王俊宏設計	02-2391-6888	界陽 & 大司室內設計	02-2942-3024
只設計 · 部室內裝修設計	02-2702-4238	相即設計	02-2725-1701
清工業設計	0909-280477	珥本室內設計	04-2462-9882
奇拓設計	02-2395-9998	無有建築設計	02-2756-6156
和和設計	02-2771-1838	寬引設計工程	02-2392-0200
源原設計	02-2709-3660	德力設計	02-3393-3362
新澄設計	04-2652-7900	摩登雅舍室內裝修設計	02-2234-7886
演拓室內裝修設計	02-2766-2589	歐斯堤有限公司	02-7720-9688
璧川設計	02-2713-8818	諾禾空間設計有限公司	02-2755-5585
丰墨設計	02-2877-2905	隱巷設計	02-2325-7670
竹村空間設計	07-552-2536	蟲點子創意設計	02-8935-2755
賀澤設計	03-668-1222	懷特室內設計	02-2749-1755
實適空間設計	sinsp.design@gmail.com	藝念集私空間設計	070-10181018
澄橙設計	02-2659-6906		

1

天光共舞

想要讓耀眼多變的自然光線在居家空間中流轉，除了透過配合日照或是開放式格局配置手法，善用淺色地壁材料的運用，也能藉由折射提高空間亮度，另外採光充沛的優勢下，亦可搭配百葉窗調節並帶來柔和優美的光影氛圍。

001
淺色材質讓光線折射提高亮度

通常在低樓層的住家，除非四周無建築物或與鄰棟相距遙遠，大部分水平入射的光線都無法進入，光線入射量少，室內多半顯得陰暗。此時若想引進自然光，建議大面積立面刷飾白色調為主，利用光的折射，有效明亮空間，而地板建議也選用淺色系，如此便能充分發揮自然光的功效。圖片提供 © 方構制作空間設計

002
選擇調光百葉控制自然光線

百葉門窗近期經常被使用到室內空間，除了可為空間注入美式、鄉村氛圍，透過百葉葉片角度的控制，還能有效調整室內光源、隔絕紫外線，挑選時可依據窗型比例搭配不同的葉片寬度，有些百葉甚至能分成上下部調光，達到阻隔室外視線、保有隱私與享有自然光。圖片提供 © 木介空間設計

003
天井、天窗設計引進自然光

透天厝或是頂樓住宅，可善用空間優勢，利用天井或是天窗的作法，讓白天陽光或是夜光灑落於室內，不過天窗確實容易造成室內熱負荷增加，建議另開排氣窗或是增加抽風扇，藉此降低溫度。圖片提供 © 沈志忠聯合設計

004
穿透、鏤空、半牆隔間達到光源的共享

想要讓自然光線能灑落到每個角落或是擴大光線到達的範圍，建議公共廳區多以開放式設計，若有隔間的需求，在光線與隔間的垂直面利用半開放式手法，例如拉門、半高隔屏，或是材質改以可透光的玻璃，就能讓光線能隨時照亮室內深處。圖片提供 © 禾光室內裝修設計

005
配合日照和風向配置格局

每一個區域想要能保持良好通風和採光，最好能考量光線和風的進入方向去配置，一般格局的配置要與日照、風向平行，才不致擋住。而格局配置多為「明廳暗房」，像是客、餐廳等公共區域，家人聚集的時間比較久，通常都會配置在採光最良好的地方；而臥房多為晚上才進入，因此採光需求不高。圖片提供 © ST design studio

001

002

003

004

005

006

007

006+007

善用面東開窗，延伸借光入浴室

主臥衛浴沒有對外窗，設計師實地估算過，當陽光充足時、光線可以照入室內兩米多，便巧妙利用寢區本身的面東開窗，選擇以清玻璃打造透光隔間，以「借光入室」手法，為盥洗區添加明亮度。圖片提供 © 方構制作空間設計

- 細節 - 浴室本身除了洗手檯上方的嵌燈外，鏡子一側牆面頂端規劃 LED 燈帶延伸淋浴區、作為此區輔助照明。

008

不鏽鋼、鏡面反射光源照亮玄關

玄關廊道透過磁磚與木地板的地坪材質變化，表達由外至內的迎賓意涵。天花裸露大樑塗上仿清水模漆料，立面採用灰鏡、不鏽鋼鋪貼表面，透過無機質建材整合出理性的空間調性；而材質本身具備的反射特性，令來自其他區域光源與上方天花投射燈就像染料，在這裡交織出獨有的光影變化、營造獨特氛圍。圖片提供 © 工一設計

- 細節 - 利用鏡面、毛絲面不鏽鋼的不同反射係數，在這狹長廊道中，將自然光漫射其上，並延伸至玄關區，完成低調借光、演化光影交織畫面目的。

009

拉門彈性連結公私領域，打造專屬陽光廊道

由於住家主要是屋主二人的生活場域、使用上較具彈性。設計師將原本位於餐廳旁的主臥開口移至臨窗側，以收於客廳電視牆後方的隱藏拉門作機能界定，此走道能從廳區一路延伸床頭牆面，打開另一道門片、直通觀景陽台。所以當家中只有兩人、拉門全開啟時，便能得到一整面難得的落地窗採光，形成專屬「陽光廊道」。圖片提供 © 工一設計

- 細節 - 為了修飾沙發上方橫樑，客廳作傾斜天花造型設計，令視線順勢延伸不覺壓迫。雖然基底呈斜面，但作為照明的無框嵌燈仍可調整照明角度，所以不受影響。

010

4 米 2 挑高長窗，保護隱私增添亮度

自地自建的三層獨棟建築，一樓規劃為主要待客區——廚房與餐廳。廚房挑高約 4 米 2，由於與鄰棟距離較近、擔心有隱私問題，也為了妥善安置各種廚具設備，捨棄大開窗設計，轉而採用在上方開三道透光長窗的做法引光入室。大廚房是為了熱愛烘培與烹飪的女主人量身訂作，寬敞空間足以容納各種大型料理機具，讓她能毫無阻礙地大展身手，製作各種幸福餐點與家人、朋友共享。圖片提供 © 理絲設計

- 細節 - 樓高 4 米 2、廚具高度約 2 米 2，上方開窗採長窗模式設置於正中央，降低隱私洩漏可能、令光源最大化地與餐廳共享；同時廚房壁面與廚櫃選用淨白設色，有效提升明亮度。

011

局部小開窗令長型建築依舊明亮無死角

二樓是住家的主要起居空間，清淺留白為空間主色調；長型開窗低調分布各個角落，搭配百葉窗維護隱私、提供無死角的自然光源。這一層主要劃分為沙發區、輕飲吧檯區、小書房、臨窗壁爐多功能區等，開放、無拘束的自由度，提供一個父母與孩子輕鬆共處的溫馨場域。圖片提供 © 理絲設計

- 細節 - 雖然沒有大面開窗，但開放設計加上每個外牆幾乎都有小開窗，輔以純白、木色、淺綠作立面色彩，長型空間依舊明亮。

012

木百葉微調明暗，守護北歐風住家不受窺伺

踏進一樓大門，迎面而來的便是餐廚區縈繞鼻間的食物香氣，純白空間背景，擺放著木質簡約桌椅，角落點綴一張鮮黃靠背單椅，溫馨北歐風情油然而生。餐廳開窗皆搭配白色百葉簾，避免面對馬路與棟距太近而遭受窺伺、暴露隱私。圖片提供 © 理絲設計

- 細節 - 選擇白色百葉而非一般窗簾，是因為白色能自然融入壁面顏色不顯突兀，其可小角度調整明暗特性，方便隨著天色與需求找到合適的葉片開闔程度。

013

玻璃磚隔間分享廳區、衛浴光源

23.5 坪的單身女子住家，擁有面向河景開窗的採光優勢，室內以檸檬黃櫃體點亮純白室內、強化空間視覺重點。位於櫃體上方的玻璃磚區隔廳區與主臥衛浴，透光不透影的建材特質，讓兩個機能場域的光源能互相分享又不會侵犯隱私，營造清透、明亮質感。圖片提供 © 方構制作空間設計

- 細節 -180 公分 X100 公分玻璃磚的玻璃隔間，白天互享建築兩面開窗光源，晚上也能藉由借光手法強化兩個場域採光。

014

014+015

玻璃雨遮加天井，車庫有亮點

由於車庫縱深 10 米，加上雨遮完全沒有採光，因而將雨遮換裝成玻璃材質，一方面保留雨遮的機能用途，又能發揮透光效用，並在車庫底端創造一處天井與一面觀景窗，讓光線從天井帶到玄關空間，更讓原本單純的停車空間也能表現「亮」點。而且因為這間車庫沒有鐵門，如此一來車庫前後兩面採光都能夠進來，車庫就不會顯得陰暗、潮濕。圖片提供 © 賀澤設計

- 細節 - 從車庫進到室內空間之間，保留一處類似外玄關的過道，使動線更流暢，亦能提升車庫的採光量，也可以滿足鞋櫃需求。

016

保留 3 面採光，弧形天花雕塑空間光影

原屋即為開放式格局，3 面採光，窗與窗之間的走向為 Z 字型，藉由牆面深度的落差，自然地定義出空間分區，使客餐廳共存於一室卻又相互獨立。3 面採光使自然光足以完整灑入室內，各空間於白天時皆能有足夠的照明，減少了人造光的使用，也讓通透明亮的空間保有協調感。圖片提供 © 源原設計

- 細節 - 為了營造異國風情感，避免落入制式的住宅大樓天花設計，源原設計設計了凹凸有致的天花，乍看之下如波浪一般，卻也不失空間一以貫之的簡潔線條表現。將嵌燈設置於細長的凹凸轉折處，削弱視覺上的存在感，卻保有足夠的照明功能。

015

017

適當的取捨，能換來完整的景致與採光

此臥榻區原本是臥房衣櫃的一部分，衣櫃深度有 60 公分長，但若作滿勢必會遮蔽掉 60 公分的窗面，考量到此區的景致是全室最佳的位置，因此源原設計決定不將衣櫃作滿，改以複合式設計的方式，於下方加裝抽屜，滿足收納的機能需求，同時將預留的空間改造為供屋主閱讀、休憩、飲用咖啡、賞景的臥榻區；此手法保留了完整的窗面，不僅使臥房採光充沛，美景亦可盡收眼底。圖片提供 © 源原設計

- **細節** - 有別於一般臥榻，僅於天花加裝嵌燈提供照明，源原設計精心挑選了適合空間調性的吊燈懸掛於此處，顯現此臥榻區是被精心設計的貼心角落，而不僅僅是剩餘空間的利用。

017

018

廳區大窗迎日光，室內室外都是景

住家為樓高 3 米 4 的新成屋，設計師將面向花園的側面大窗納入設計當中，令大片日光自然灑落、為室內空間帶來無限溫暖與希望。廳區牆面保留素白漆面，透過線板堆疊拼組出立體語彙，令空間留白卻不無聊。圖片提供 © 理絲設計

- 細節 - 簡潔俐落的黑白空間中，客廳傢具大膽選擇濃郁的流線深藍、鮮黃跳色沙發，瞬間為住家建立獨特個性，讓人過眼難忘。

019

餐廳落地窗外營造在自然裡

由於是板牆結構，挑高的客廳需要承重構件來支撐牆體，因而主要採光面留給餐廳的落地窗，L 型玻璃門透出戶外草皮景觀，一片綠意景致，營造出在大自然裡烹調、用餐的氣息，十分愜意，小朋友在戶外追跑嬉戲，家長可以在室內看見孩子的位置，內外可以互動。中島上方串連多種顏色的吊燈，餐椅也以不同色系做為安排，挹注活躍的視覺享受。圖片提供 © 賀澤設計

- 細節 - 由於在客廳多半是看著視聽設備，大面落地窗並沒有必要性，相反的，在餐廳用餐時會聊天，可以看著窗外，將餐廳與室外的綠地景觀結合，用餐聚會時心情自然愉悅。

020

調動主臥位置，以透光玻璃摺門輕巧劃分空間

此屋原為老屋傳統格局，主臥房位於公領域的角落位置，屋主購買此房是為了準備迎接孩子的到來，為了使空間使用更有效率，爾聲設計將主臥房與次臥的位置對調，並且以玻璃摺門做為次臥的房門，準備將來作為小孩房使用。透光的玻璃門可將房內的日光引入客廳而不造成阻斷，半開放式的空間亦方便屋主一邊忙碌一邊看顧孩子。圖片提供 © 爾聲設計

- 細節 - 考慮到孩子長大後，會有隱私的需求，爾聲設計提前將窗簾安裝完畢，門外的柱體上裝置了可旋轉的電視，可靈活轉動，提供不同的觀看角度，屋主亦可與孩子一同坐臥於小孩房中觀賞影片。

天光共舞

021

極致利用採光面創造通透感

自然採光面從陽台進入室內，但光線並不強烈，因此採光面盡量利用極致。由於書房也有一面窗，相連的兩面窗易產生交叉補光的效果，藉由沙發半高背牆削弱些微光源量，同時能維持空間通透感，就算電腦桌配置閱讀吊燈，其實白天完全不需要開燈。室內天花板採白色為主，使得整體空間明亮度更提升，電視牆石紋磚在自然光映照下，天然紋理更出色。圖片提供 © 賀澤設計

- **細節** - 電視牆位置與客廳陽台距離很近，自然光會造成電視反光，容易看不清楚，因此窗簾先裝置一層紗簾，讓光線變得柔和，若光線仍太強烈，還有一層深色布窗簾能使用。

022

挑高落地窗引入日光綠意風景

因與隔壁房屋相隔車道，可以擁有整面落地窗設計，挑高的天際安排，搭配落地玻璃窗引入充沛採光，視覺更為延伸、開闊，展現大器之姿，而伴隨戶外落羽松植栽穿透窗景，外觀景致四季分明，形塑內外皆景的心曠神怡之感。客廳場域由粉色莫蘭迪主色調帶來清新氣質，尤其在自然採光強烈的大面積採光窗邊，加入一些高級灰，色彩空間質感高也更耐看。圖片提供 © 賀澤設計

- **細節** - 二樓空間地坪的盡頭銜接窗景，也將戶外綠意引入室內，讓人可以坐在這裡，彷彿坐在大樹旁邊，在這個位置看書發呆很舒服。

023

玻璃樓地板上下交叉透光

當窗簾拉開時，面眺一整片的山景，將如此自然視野留給孩子，是最美好的生活禮讚，因此採取整面落地玻璃窗設計，完全不浪費任何視角的窗外景致。由於這間房屋屋型長，若僅有一面開窗面積，往裡面會顯暗，若加上樓地板，原本採光亮又會再減少一半，因此樓地板使用一半玻璃材質，讓上下可以交叉透光，整體空間看起來就不會那麼暗。圖片提供 © 賀澤設計

- **細節** - 利用玻璃作為樓地板材質，採光能夠更通透，若白天休息時，不想要光線直接打進來，可以拉開樓下的窗簾調節亮度。

024

挑高客廳氣窗也是採光窗

考量主要採光面在餐廳落地窗，往客廳的光源
會逐漸減弱亮度，因此在客廳挑高空間上方開
了一道氣窗，在立面頂部的氣窗從挑高處引入
的自然採光，相較客廳側牆開窗對室內空間更
具採光輔助作用，加上客廳餐廳採以簡練的潔
白牆色，採光效果更明亮，連角落都無暗處，
白天完全不需開燈，從客廳看向戶外綠意景
觀，營造出猶如景深的風景畫面。圖片提供
© 賀澤設計

- 細節 - 在定位度假用途前提之下，雖然以白色
室內空間搭配戶外綠意，營造自然採光的清新
舒適，但挑高的客餐廳空間很大，所以在沙發、
燈具上的彩度刻意運用多種顏色來跳色搭配。

024

天光共舞

025

025

玻璃磚壁材解決暗室問題

衛浴內，在洗手台旁設計收納壁龕、更貼近使用習慣，並考量到空間採光不足，在壁面上方加入玻璃磚，既兼具玻璃的水亮純淨，也有磚的堅實穩重，展現晶瑩剔透的透明質感，只透光卻不透明，讓主衛、客衛之間可共享採光，緩解主浴無窗的光照問題，網羅光線折映之美也同步兼顧隱私。圖片提供 © 澄橙設計

- 細節 - 於天花板懸掛一盞時尚的主吊燈，裡頭為金屬材質，外部則是通透的玻璃燈罩，在灰黑白的空間背景之下，跳出金色的視覺亮點。

026

空間大挪移，只為了引光入室

此屋為新成屋，起初建商提供的格局與動線皆無法扣合實際的需求，入口右方便是封閉性的廚房，其餘空間皆為一字排開、延伸分佈，導致動線單一、靈活度低。由於男女主人皆喜歡烹飪，因此擁有寬闊的中島檯面為核心需求，爾聲設計將整體格局通盤挪動，將原先位於客房內的廁所與廚房轉向，使廚房不再位於陰暗的角落，並且與長型的客餐廳合為一體。圖片提供 © 爾聲設計

- 細節 - 作此更動後，由末端落地窗灑入室內的日光得以延展至整個公領域，有效的提亮了整體空間。

027

主臥門調動位置，臨窗形成光廊

原屋的格局並無太多更動，爾聲設計保持了其開放式的格局，僅將原本位於入口處右側的主臥門挪移至藍色櫃體的末端，巧妙地解決了隱私性的問題。進主臥前的過道旁為一整排的落地窗，採光十分充裕，映照於輕透的紗簾更顯唯美。由於此棟大樓所在位置良好，周圍並無建築物遮蔽，故擁有得天獨厚的遼闊景緻，每當屋主漫步至臥房時，都彷彿經歷一次光廊的洗滌並獲得身心靈的沉澱。圖片提供 © 爾聲設計

- 細節 - 巧妙的運用既有的樑線作天然的空間分區，以半高的電視牆保持空間的通透性，同時讓自然光得以於室內順利流通。

天光共舞

028

側廳引入帶狀天光與書卷味

考量 330 坪的雙拼透天別墅有自然光源不足的問題，決定在挑高的主客廳旁加開天窗來增加進光量，同時利用天窗下方的二樓空間設計書廊，以簡單的畫作陳設與俐落大方的書櫃為大宅妝點出小角落的雅逸空間。而考量夜晚天窗無法提供光源，在天花板左側則嵌入數盞投射燈，也可與客廳的投射燈一起做為主廳的輔助光源。圖片提供 © 森境 + 王俊宏設計

- **細節** - 為了讓空間的光線可以順利穿透至挑高客廳，周邊護欄採用玻璃材質，搭配黑色鐵件架構與白色石材的基座，呈現簡約現代美感。

029

廚房小窗豐富餐廚區光源

一樓的公共廳區呈現 L 型走勢，客廳側邊大開窗、廚房更保留方型氣窗，彷彿為密閉的室內透了一口氣！自然光藉由兩側投射進入室內，在無實體隔間的開放設計中穿梭遊走，令三個機能場域無論在空間感與光源上都能互相分享，達到 1+1+1>3 的加乘效果。圖片提供 © 理絲設計

- **細節** - 廚房與餐廳整合於一處，雪白銀狐電視主牆更是刻意跨越機能分野、模糊界線，釋放場域隔閡。訂製上吊廚櫃選用特別的深藍紫色，在充足光源映照下，沉穩之餘更呈現出一股獨特神祕調性。

030

用窗簾彈性調節寢區明暗需求

二樓主臥除了睡寢機能，還在臨窗處擺放造型小單桌，當成屋主偶爾在家處理公務的辦公桌使用，因此將獨享的 400 公分跨距落地大窗一分而二，採用兩個窗簾系統處理，在日常生活使用上調節明暗更加便利。圖片提供 © 理絲設計

- **細節** - 清淺淨白是臥房主色調，營造放鬆休憩的靜謐氛圍，只有在吊燈與單桌材質上保留些許黃銅、金屬細節，延續全室風格調性。

天光共舞

玻璃隔間串聯採光交流

揮別工業風陰暗無光的印象,設計師在客廳後方劃出一間多功能閱讀室,再透過玻璃隔間、玻璃滑門的配置,讓前後場域可完全被敞開與連結,讓空間感顯得放大,也進行了自然窗光的引導,除了讓光線照亮多功能室,並同時把光引渡至客廳與餐廳,促成三方的敞亮感,使室內無暗角。圖片提供 © 澄橙設計

- 細節 - 在書房內安裝軌道燈補足光源,餐廳部分則選用玻璃帶金屬裝飾的餐吊燈,以光線較為柔和的 LED 鎢絲燈,提供裝飾性與氛圍營造。

032

通電玻璃讓二樓空間保有通透與明亮

此空間佈局較為特別,居住成員是由兩個家庭所組成,因此在一、二樓的空間配置上除了廚房以外,皆有重複性質的獨立空間,二樓的起居室即對應到一樓的客廳,為了能讓光線落實分散至室內各個角落,在起居室隔間以通電玻璃為主,由於其兼具隱蔽性與透視性,轉換之間,剛好可以將落地窗上層的自然光引至起居室,加強空間的通透性。圖片提供 © 近境制作

- 細節 - 透過控制能使玻璃在透明與霧面之間做切換,適時地引入天然光源,為空間增添自然味道。

033

單軸旋轉門引光線婉轉入室

為了讓單側採光的居家享有更流暢、明快的生活空間,將新成屋重新規劃格局,使臥室與書房打通,為臥房爭取最大窗景與光源;同時在臥房與客廳之間利用單軸旋轉門取代實牆隔間,讓原本暗房格局的客廳得以獲得充足採光,整個室內也因為靈活格間而變得更通透、自由。圖片提供 © 和和設計

- 細節 - 臥房與客廳之間單軸旋轉門採用鐵件框架搭配方格玻璃設計,讓光源得以順利引入室內,但是在視覺上仍能保有一定的隱私與層次感。

034+035

善用玻璃引光入室

作為住辦合一的空間，此案屬於狹長型格局，加上既有廁所又配置在前方，因此設計師選擇將其敲除，重新配置在後端，把前面採光良好的區域空出來作為辦公空間。設計師說道，此案優勢為左右兩側皆有窗戶，雖然跟鄰棟很近，陽光無法直射近來，但還是有間接光進入，通風也算佳，對此，辦公室的隔間都換成玻璃材質，達到採光與分區的效果，也能隨時注意外部狀況。圖片提供 © 奇拓設計

- 細節 - 設計師在辦公區採用玻璃拉門與摺門達到透光效果，其中通私人住宅區的出入口則是以落地旋轉鏡面作為暗門，即便關上，視覺效果也能放大空間感。

036

天光與人工照明皆備的閱讀空間

灰色鏡面拉門裡的一個獨立小空間，是在客廳旁隔出的狹長書房。由於此間窗戶面積比例很大，白天時的自然採光方面沒有太大問題。而天花板還是裝有吸頂燈，由於閱讀或使用電腦都需要足夠的亮度，所以書桌上的檯燈依然是書房不可或缺的照明設備。圖片提供 © 只設計 · 部室內裝修設計

- 細節 - 鏡面拉門讓光線可稍微透至廊道，提高明亮度，也化解空間的壓迫與擁擠。

037

038

039

037+038
拆除既有隔間牆，引入更多自然光

此案既有自然採光僅來自客廳一側，造成靠近玄關處的光線偏陰暗，對此，設計師敲除其中一房間的隔間牆，首先讓公共空間放大，再來也創造屋主想要的開放式書房；其中書房的展示架特別選用毛玻璃材質，讓光線引入室內後不會被書架遮擋，又能透過這種材質均勻柔和的發散出來，讓更多光線漫延到空間；另廚房用餐區則是選用清玻璃作為隔間，讓整體室內材質富有層次。圖片提供 ⓒKC Design Studio 均漢設計

- 細節 - 隔間牆敲除後，改以毛玻璃書牆劃設區域，既能達到區隔目的，又不會使採光被遮擋。

039
溫暖雙側光如手臂環抱客廳

考量這棟中古屋的基地緊靠鄰棟建築，雖有前後雙向採光，但因棟距小難有隱私感，因此，對外窗不考慮景觀，僅著重於採光功能的設計。另外，格局上屋主希望能增設獨立玄關，所以特別將客廳挪至房子中央，並利用電視牆隔出玄關區，而左右雙側同時具引光入室的效果，讓客廳呈現被光包圍的溫馨空間感。圖片提供 ⓒ 和和設計

- 細節 - 電視牆後方設計為鞋櫃，滿足玄關收納的需求。另外，因為大樑頗低而沒有加作包覆天花板的設計，順勢讓樑線增加空間線條感。

040+041
大面落地窗景，把自然光線引入室內

此案基地位置條件座落在城市中難得一見的靜謐之地，周邊有四座公園環繞，鬧市中自成一格的安靜憩適，而落地窗是基本的建築條件，近境制作選擇將室內配置順應環境條件，成功把大自然的氣息帶入室內當中，也讓自然光線能進到室內空間的各個角落。圖片提供 ⓒ 近境制作

- 細節 - 落地窗景範圍橫跨客餐廳，在白天幾乎不用開燈就能獲得充沛自然光的照拂。

040

041

透光摺疊門收攬進更多光源

由於屋內格局就只有單向採光，再加上窗外就是工作陽台，為避免光線經過層層窗戶的折損遞減後造成室內陰翳不明的不健康感，因此，設計師決定運用落地的鐵件玻璃摺疊門來收攬最多光源。可單獨開闔的單軸摺疊門在使用上更為方便自由，對於室內的通風或是採光都有極大幫助。圖片提供 © 和和設計

- 細節 - 在臥室內為配合大量木質感的溫暖時尚氛圍，在床頭邊選配一盞金質的桌邊檯燈，與整體風格相輔相成外，恰可為穩重色調的深淺木櫃增加亮點。

043

增加小房間也不需犧牲採光

當初規劃空間時因屋主提出希望能增加一間多功能室的想法，因此在格局上將客廳向內挪移，利用靠窗區規劃一間可開放、也可獨立使用的小房間；不過，因客廳內移就沒有直接採光窗，為此，在隔間上採用了光線可穿透的鐵件方格玻璃摺疊門，需要客房時關上即可獨立使用，而平日則可打開直接引入光源。圖片提供 © 和和設計

- 細節 - 在電視牆後方為餐桌區與廚房，為了補足更多客廳的光線，以及避免視覺阻斷產生的壓迫感，特別採用半高電視牆設計，讓廚房的光線同樣可進到客廳區。

044

用一方日光傳遞光陰流轉

對於喜歡自然採光的屋主而言，即使主臥室已經奢侈地擁有大落地窗與露台，但不同角度入光的天窗還是那麼迷人。利用斜切的屋頂設計出長凸窗，讓一方日光可以隨著每天不同時序漸進輪轉，照映在房內不同角落。而到了夜晚，則可以躺在床上觀星，讓生活隨著大自然的四季變化更顯生動。圖片提供 © 森境 + 王俊宏室內設計

- 細節 - 在光線充足的臥室，透過深黑色內嵌的床頭櫃與木皮色腰壁板的配色設計，提升整體沉穩度。而黑色皮革床頭與黑白配色的軟裝寢飾也展現成熟品味。

045
前後採光圍塑自然紓壓餐廳

餐廳廚房區雖然位於室內中央位置，但因為臥室的隔間牆採用鐵件方格玻璃取代實牆設計，因此，仍可為室內引入大片自然光，讓餐區在白天即使不開燈也不覺得陰暗。而在餐區燈光的規劃上因考慮天花板與樑較低，所以主要光源以嵌燈為主，唯有餐桌上方的鐵件吊架設有燈光補強照明，也可創造室內端景。圖片提供 ⓒ 和和設計

- **細節** - 除了臥室整面採光可挹注進入餐廚區，餐廳另一側為客廳，同樣有自然光源，在雙向採光的格局下，呈現均勻而柔和的光感，散發出紓壓放鬆的氛圍。

天光共舞

046

臥室自然採光減量更舒服

臥室是休息睡眠空間，但有著大面玻璃落地窗引入自然光，強烈的採光反而難以獲得舒服放鬆的狀態，因此在寢臥窗邊留有一小塊空地，作為小型起居客廳使用，且在落地窗兩側各安排一個頂天立地的櫃體，除了滿足日常收納所需，同時也將落地窗深度重新定位，藉此先過濾過多的光源量。然後利用投射燈在主臥室周邊繞一圈，搭配均度照明散光的嵌燈，讓人感受近似自然的光感。圖片提供 © 竹村空間設計

- 細節 - 臥室天花板周邊使用色溫 3000K 投射燈，搭配刻意利用櫃體微量過濾後的自然光，暈染手法的牆體與水墨畫讓低彩度的空間與光共舞。

047

自然光與人工光影冷暖呼應

客廳區擁有整面落地玻璃窗的採光優勢，空間以黑白灰為主要色調，藉由光線調和提升溫暖感受，當落地窗陽光穿透紗簾進入客廳，緩和了自然光強度，兩道間接光形塑牆面語彙，在沙發背牆選用細緻的皮革材料，詮釋立面的造型風格，並擺放掛畫或穿插光源設定，締造聚焦的視覺端景，利用人工光影呼應自然光，營造冷暖對比的光感。圖片提供 © 竹村空間設計

- 細節 - 將 LED 長條燈藏進皮革材料，色溫 3000K 的暖黃燈，若晚上照明不需太亮時，天花板嵌燈主照明不必開燈，只有間接光的壁燈就能營造居家放鬆氣氛。

048

壁爐火光與天光上下呼應

超大坪數的透天別墅中，特別為了好客的主人在地下樓規劃一處交誼區，讓親友可在此聊天、品酒、共娛。位於書房與餐廳周邊的交誼區雖然採下降式地板，空間較為低矮，但因開放格局以及側牆上方享有天窗的光源，使空間不會有侷促感，而白天只需自然光就能醞釀一種微醺柔和的沉穩氣韻。天冷時，則可藉壁爐為空間增加光與熱。圖片提供 © 森境＋王俊宏設計

- 細節 - 下降式格局讓交誼區展現出自在安穩格局，再搭配大理石牆的暖爐與低矮的家具，給人放鬆而無壓力的空間感，而燈光則捨棄吊燈，以長臂立燈與天花板嵌燈為主。

049

049

天光斜照減緩圖書區壓迫感

這是位於雙層住宅的頂樓空間，因為現場有斜屋頂、高低不等的樑線等問題，在考量畸零狀況後將之規劃為孩童圖書及遊戲區。除了利用斜屋頂最矮區域設計書櫃，恰可方便小孩取閱外，樓梯上方的天窗更是減緩空間低矮壓迫感的重要關鍵，讓視覺有突破口；另外，書桌上方的三盞吊燈在高度配置上剛好可提供閱讀燈的功能。圖片提供 © 森境＋王俊宏設計

- 細節 - 為了能提升圖書區的亮度，同時讓孩子更容易在書櫃找到喜歡的書籍，在雙邊牆櫃的層板外緣均加裝燈光，讓整個空間的照度更為充足且均勻。

050

以人工光源調和自然光

主臥室位在角間，L 型連續窗雖然可提供豐沛的自然採光，但也容易造成心理壓力，為了化解尷尬，除了運用紗簾柔化採光外，設計師巧妙利用天花板留縫，加入色溫偏黃的間接照明，增添溫度感，調和出讓人感覺放鬆的空間氣氛。圖片提供 © 森境＋王俊宏設計

- 細節 - 臥房以溫暖的黃光為主，有助於營造氣氛，並適當地選用立燈創造畫龍點睛的效果。

050

051

善用玻璃材質引入一室亮光

在僅有 15 坪的小空間中，客廳並無真正的對外採光。善用大量玻璃門片自陽台、臥房、浴廁等空間引入自然光源，為空間帶來明亮的自然光；中央和室僅以架高地坪做區域界定，下方打上燈光，地坪彷彿浮在空中，具輕盈感受。圖片提供 © 隱巷設計

- 細節 - 特別選擇長虹玻璃替代一般霧面玻璃，既具遮蔽效果，其穿透性和質感更佳。

051

052

玻璃隔間、拉門讓光自由穿越

27 坪的老屋改造，為化解原始光線的不足，設計師重新調整格局，位於客廳後方的獨立式廚房，局部隔間嵌入茶色玻璃，保有透光且能遮檔內部凌亂狀態，而廊道兩側的書房、小孩房，不僅僅利用玻璃拉門，隔間上端刻意不做滿，採用氣窗形式，讓採光能毫無阻擋的通透至每個角落，也提升廊道的光線。圖片提供 © 禾光室內裝修設計

- **細節** - 旋轉氣窗除了讓光線穿梭之外，亦可讓空氣產生對流，讓家更有好氣色。

053

留出餘裕，光影無邊界

工作繁忙的夫妻倆，希望回到家能享受寧靜舒適的氛圍，除了針對生活需求重新調整格局配置，設計師更帶入簡約無印風的精神，電視牆區劃出環繞式動線，加上摺門、未及頂的隔間手法，適當地為空間留出餘裕，光影便能恣意穿梭遊走。圖片提供 © 禾光室內裝修設計

- **細節** - 木作部分為實木皮榆木，結合白色調的鋪陳之下，當自然光線映射入內令人倍感紓壓放鬆。

054

工字鋼雙側燈搭配天光，俐落大器

打掉了隔間改採玻璃拉門，得以迎進戶外自然光，感覺相當放鬆。天花板上方以工字鋼框住，上方凹槽藏有 T5 燈管，下方凹槽則做出軌道燈，兩種光源代替氣派的主燈，俐落有型，明亮大器，不搶天光風采，又能有足夠的人工光源隨時因應需求。圖片提供 © 奇逸空間設計

- **細節** - 工字鋼兩側皆鎖於天花結構內，強化量體的支撐性，加強安全。

055

從四面八方竄入屋內的光

為了減少耗能並提升室內的明亮度,設計師特別多面開窗,以從不同的方向納入更多的天光,尤其是於天花處規劃了天窗設計,讓自然光能夠直接射入屋中,使挑高的空間變得更加明亮,不必開啟過多的人工照明。 圖片提供 © 考工記工程顧問有限公司

-細節 壁面規劃向上投射的不鏽鋼燈罩壁燈,柔和的光暈成為夜晚的情境照明,空間更有氣氛。

天光共舞

056

多元照明方式讓空間更有層次

公寓很奢侈地擁有 L 型大面積採光，白天不但完全不用開燈，還覺得太亮了呢。因此，設計師特別將三面大窗戶都裝上紗簾，不但可以柔化光線、保護隱私，更能使居家氛圍溫馨舒適。晚上需要照明時，除了客廳桌燈和餐廳吊燈，天花板上亦有嵌燈及間接照明可搭配。圖片提供 ©PartiDesign Studio

- 細節 - 客廳電視櫃上方同樣配置了間接照明，展現空間不同的層次。

057

善用優勢創造恰到好處的照明

這間房子擁有很大的陽台，使用大面積的開窗引進陽光，並且加裝蜂巢簾讓室內光線溫和不刺眼。室內無需過多的燈具來照明，因此客廳選擇木頭腳架的探照造型燈呼應滿室的木素材。圖片提供 © 諾禾室內設計

- 細節 - 餐廳則選擇低調的吊燈，量體不大，顏色亦不明顯，以免搶走木紋牆面的風采。

058

用玻璃屋引入自然採光

別墅住宅一樓的整體空間以圓心概念架構，將原本入口大門兩側的實牆改成固定平玻璃，左側以 H 鋼架構的玻璃屋，屋頂也使用強化玻璃，使空間擁有良好的四面採光，而室內造型天花板則以人工照明添增層次感。圖片提供 © 藝念集私空間設計

- 細節 - 考量安全性與隔熱效果，玻璃屋頂加貼防爆隔熱膠膜，讓人能舒適地享受美好的陽光。

059

060

061

059

挑空天井點亮長型屋

這間四層樓的房子只有正面有採光，其它三面皆與鄰屋相臨。為了改善通風與採光，設計師特別設置挑空天井，讓原本陰暗的長型屋飽滿天光，帶來滿室的溫暖和流通的空氣，創造舒適的居家空間。圖片提供 © 諾禾室內設計

- 細節 - 天井頂層更設置了電動排煙窗，強化空氣的對流與循環。

060+061

拆除分戶牆，迎入大量採光

兩戶打通，拆除位於客廳的分戶牆，空間開闊了，充沛日光也深入室內。廊道天花巧妙與樑體脫開些許距離，輔以間接照明的柔和光暈，巧妙暗示走廊的過渡區，而窗側天花則改以燈帶勾勒線條，透過兩道光帶引導，展現開闊大氣的空間縱深。圖片提供 © 杰瑪設計

- 細節 - 順應大量採光的進入，與客廳相鄰的書房也採用玻璃拉門，光線自然流動，內側的書房也不顯暗。

062

善用紗簾創造光影變化

客廳擁有大片落地窗,白天採光充足,不需要太多照明設備。因此設計師特意不做天花板,裸露管線及嵌燈,表現猶如 Loft 風的粗獷設計感。天花板上不裝設主燈,以單椅旁的立燈做為客廳的主燈,並加裝窗紗,利用紗簾創造光影效果,讓空間更有層次。圖片提供 ©PartiDesign Studio

- **細節** - 除了窗紗之外,多加一層窗簾布,加強與外界視線的隔絕,也不至於遮擋陽光。

063

巧用視差兼顧隱私與採光

臥房落地窗引入充裕天光,下半加道木格柵當安全護欄。由於樓層高度與鄰棟不一,水平格柵能有效阻檔外界目光。上半段用 top-down 風琴簾,讓光線在進入同時仍可保有室內隱私,並讓上端氣窗對流空氣。圖片提供 © 寬引設計工程

- **細節** - 夜間照明以間接燈光搭配 LED 小嵌燈為主;床頭的天線造型 Bo Concept 燈具,帶出品味與童趣。

064

釋放動線軸線引進充沛日光

只有前後採光的住房,為了讓既有客廳落地窗的光線能發揮極致,設計師在動線的配置上,特別採取軸向規劃方式,加上開放式格局,讓光線不受阻擋,享受沉浸日光的美好生活。圖片提供 ©KC Design Studio 均漢設計

- **細節** - 客廳天花亦搭配了嵌燈規劃,夜晚時提供不同的光源需求,也讓光線更有層次效果。

065

自然天光灑落一屋子雋永

將兩戶打通後,相鄰的兩個陽台皆採取大面開窗,引入充足自然光;善用兩側雙層蛇型拉簾,調節進入室內的光亮,當日光穿透薄紗,能過濾掉太過炎熱的日光,映照出空間的恬靜雋永之感圖片提供 © 隱巷設計

- **細節** - 特別加深窗簾盒深度至 30 公分,讓窗簾能自然垂落,更顯優雅。

062

063

天光共舞

066

半開放隔牆設計，共享自然光

一整面的自然採光連貫客廳與書房兩個空間，為了讓自然光能夠自由流瀉在整個公共場域，在客廳與書房之間，以半高的木作實牆搭配透明玻璃，取代整面的隔間牆，讓客廳及書房的陽光可自由流動，白天只需局部的光源，室內便可明亮通透。圖片提供 © 禾光室內裝修設計

- 細節 - 考量白天採光良好，減少人造光源的配置，沙發旁配置落地燈，主要增添氣氛。

067

毫無隔閡的一樓採光策略

一樓的採光多半不佳，因此，設計師在不變動外牆的情況下，拿掉室內所有隔間，讓空間變得寬敞，屋子兩側的天光也能無礙地進入室內。大面落地外窗引入了充沛天光，選配調光捲簾可輕鬆地控制進光量。圖片提供 © 大雄設計

- 細節 - 為讓室內更顯明亮，地板鋪設高反差的亮面磁磚；當陽光漫射至屋內時，大面積反射可提高全室亮度。

068

引天光入夾層宅空間與人工搭配

局部變更引自然光入室內空間，基於後續間接燈管維修考量，在夾層中輔以軌道燈，讓客廳局部照明更具聚焦。此外，在窗簾盒上下空間配置嵌入 T5 燈管，取代直接從挑高天花板鋪設的照明方式。圖片提供 © 德力設計

- 細節 - 為了讓使用者置身二樓時不會感到刺眼，燈管也配置了壓克力板，以達到平均的光暈效果。

069

明亮陽光屋醞釀熱情南歐氣息

為了讓家呈現出屋主喜歡的西班牙式的建築
風味，刻意將屋內的活潑用色延續至陽台，除
在牆面漆上溫暖的亮黃色，並配置異國情調
的戶外傢具，同時以玻璃屋搭配透光的紗簾，
從四面八方引入自然光源，透過靈動的光影變
化為居家營造出充滿陽光、熱情的自然南歐氛
圍。圖片提供 ◎ 摩登雅舍室內裝修

- **細節** - 紗簾在室內形成美麗光影，為空間的氣
氛加分，些微地以波浪弧線懸掛方式，更添幾
許浪漫。

069

天光共舞

070

地下室切樓板借光一掃陰暗

儘管位於地下室，但設計師將地下室靠近一樓落地窗附近的樓板切開借光，引進戶外陽光。天花上方除了有筒燈外，另在正中間以一條工字鋼鎖上軌道燈增強照明，一掃地下室的陰暗。圖片提供 © 奇逸空間設計

- 細節 - 玻璃烤漆的黑板上下兩道又另藏有燈管，可於需要時開啟，補強照明亮度。

071

室內玻璃屋讓光自由流動

原來的建築規劃讓空間擁有得天獨厚的多面採光，因而刻意讓書房以玻璃屋的姿態與客廳共存，使得自然光能為室內投入更多溫暖，為配合清玻璃的引光設計，捨棄會阻隔光線的電視實牆，將旋轉電視以支架鎖在木作包覆的柱子上，讓陽光得以肆意地在空間中流動。 圖片提供 © 禾光室內裝修設計

- 細節 - 玻璃書房另外搭配捲簾兼顧隱私，也能選擇部分透光，極為彈性。

072

捲簾是最佳的控光利器

運用傢飾布或捲簾控光是少不了的天然照明設計之一，捲簾不占空間，而且還可選擇全遮光、半遮光、雙層可調光等等形式，材質、紋樣與顏色也相當多元。設計師選用捲簾控光，並在挑高足夠處融入間接光源，讓室內晝夜變化風情更萬千。圖片提供 © 德力設計

- 細節 - 平台下方亦藏設間接照明，帶出夜晚的情境氛圍，也調和柔和放鬆的空間氣氛。

073

多面自然採光的ㄇ型空間

在臥房連接陽台處往外推，多出一個ㄇ字型的空間，擺上書桌、建置吊架，做為閱讀區，為了白天可以接受多面向的自然採光，外推部分不做實體牆面，而採用落地玻璃窗；同時為了隱私考量，在落地玻璃窗加裝捲簾，必要時可將捲簾放下。圖片提供 ⓒ 杰瑪設計

- **細節** - ㄇ字型的天花上裝上間接照明，可加強吊架亮度，並弱化捲簾與天花交界的線條，使空間更具整體感。

074

以大片玻璃窗引光入室

設置大片玻璃在白天能引入光線，夜晚還能讓屋主在泡澡時享受窗外風景，由於浴室為高濕度場所，因此選擇防濕型與 IP 係數高的燈具。運用抿石子營造復古質感，並以上了防霉漆的栓木木皮為天花板做設計，其中一處藏有設備以及間接光源，營造彷彿在森林泡澡淋浴的視覺享受。圖片提供 ⓒ 開物設計

- **細節** - 為了讓屋主泡澡時不受光線刺激，選用防眩光的 3000K 燈泡，技巧性地設置在天花板角落，將光線打到牆面或壁面，不直射眼睛。

天光共舞

075

善用挑高優勢，將天光納入室內

為了使生活空間更為延展、使用更為自由，選擇將上下樓層打通為一戶。如此一來，空間的高敞優勢就愈發明顯，設計師善用空間內良好的採光與高挑的優勢，將景觀與自然光線納入室內。圖片提供 © 沈志忠聯合設計

- 細節 - 以垂直軸線推進高度，當日照充足時，不需任何人工光源就能享有舒適清晰的亮度。

076

局部玻璃地坪解放居家的光和景

為了在僅約 7 坪的挑高小宅中，爭取最大限度的使用空間，設計師特別將上下兩層夾層通通做滿，於夾層前端局部運用玻璃材質替代實體地坪，讓上下樓層都有充足採光，也解放滿窗視野進入居家，化解小空間易有的壓迫感。圖片提供 © 隱巷設計

- 細節 - 強化玻璃加上鋼構的結合，提高夾層地坪的穩固性。

077

大面開窗，廣納自然光

大坪數居家空間擁有絕佳的視野，窗外所見的既是大公園的美景也是最佳光源，因此刻意大面積開窗，務求室內在天晴時不必開啟任何的人工光源，也能擁有足夠的亮度；人工光源的設置也相當簡單，絕不影響欣賞天光的情趣。圖片提供 © 無有建築設計

- 細節 - 大面開窗之外，室內格局採開放式設計，讓光線毫無阻礙地流竄至每個角落。

078

計算陽光高度，讓機能與採光雙贏

主臥面對一塊公園預定地，窗景相當好。將床頭面向窗外美景，並預先計算好陽光的高度，運用鏤空設計搭配黃金玻璃做電視牆規劃，當晨光灑入空間時，不會直接照到床上影響睡眠，既達到電視牆的機能、引光入室，也不會阻隔窗外原本的美好景色。圖片提供 © 懷特室內設計

- 細節 - 鏤空立面的不規則比例分割，除了決定進光量之外，也成為特殊的裝飾效果。

天光共舞

079

清玻璃拉門引進充沛光線

為避免管線大幅度的遷移，廚房、衛浴維持原有格局，然而如此一來衛浴接收到的自然採光有限，於是在房間數的調整之下，更衣室通往衛浴的拉門材料選用清玻璃材質，讓主臥房、更衣間的光線能引入，配上白色調的石紋磚材，讓空間更顯明亮許多。圖片提供 © JKS Design Studio

- **細節** - 浴缸上方天花板同樣安置了嵌燈，提供夜間柔和的重點照明與氣氛營造使用。

080

運用窗簾調度自然光

為了保留浴室擁有大面窗景的優點，同時顧及個人隱私，設計師運用了較彈性的窗簾運用，靈活調度窗戶的採光、賞景與隱私。而窗簾懸掛的方式保留了窗戶上方的局部區塊，此區採用視線不穿透的霧玻璃，如此一來，就算窗簾完全拉上時，也能引入部分自然光線照明。圖片提供 © 森境＋王俊宏設計

- **細節** - 天花板裝設嵌燈，作為夜晚的主要燈源，深色材質的運用，營造簡約大器質感。

081

鏡子＋捲簾，享受天光且兼顧隱私

美好的自然光是上天的恩賜，若不好好利用，實在甚為可惜。在採光極佳的廁浴空間中，不免發生天然採光與個人私隱的矛盾，設計師因而將鏡子設於窗前，並在後方加設捲簾，當自然光射入窗戶，便從鏡體向四周漫射，形成極美麗的畫面，讓人既能享受天光，又同時兼顧隱私。圖片提供 © 無有建築設計

- **細節** - 捲簾具有彈性調控光亮的特性，這裡因應壁磚顏色搭配白色調，與空間整體更為協調。

082+083

格局改變，打造家居通透的光亮白

原只有一道大窗的客廳格局，設計師首先打通後方
區域，讓兩面大窗同時規劃於公領域中，開放式空
間引援入豐沛光源。客廳的圓弧電視牆，運用仿清
水模漆修飾，並且將其延伸，隱藏住餐廚區的後方
冰箱，留下光帶縫隙加入間接照明，修飾空間呆板
感，也提升柔和氣息與層次。步履至廚房，地坪
為長條大理石紋拼貼，櫃體設計為透明門板與開放
櫃，間接照明下讓空間更為通透。圖片提供 © 拾
隅空間設計

- **細節** - 餐廚空間設置中島延伸的餐桌，餐桌頂上的
玻璃製精緻燈飾，亮澤的圓弧外型，打造出通透的光
亮白空間。

084

凸窗設計借景引入自然光

位於台北外雙溪的住宅，坐擁絕佳的賞景條件，設
計師特別採用凸窗設計作為借景之用，以最大窗框
的極限逐漸對外縮小窗口，兼顧賞景與隱私。白
天開窗眺景之時，同時引入自然光，可取代照明設
備。圖片提供 © 采荷設計

- **細節** - 凸窗旁懸掛的燈具成為陪襯的裝飾，其色彩
恰與自然光相互呼應，而夜間需要人工光源時，也能
提供一定的亮度。

天光共舞

085

085+086
打開隔間、增設氣窗，迎接美好日光

老公寓原始配置了三房格局，即便有大片落地窗面，但因為隔間瑣碎，客廳幾乎沒有採光，整個廳區顯得極為陰暗，主臥也完全毫無對外光線，將其中一房隔間拆除以鐵件拉門重新圍塑，光線灑滿公共場域，甚至可延伸至玄關區域，至於主臥則於隔間上開設長形氣窗，讓光可折射入內帶來明亮感。圖片提供 © 實適空間設計

- 細節 - 長形氣窗以木工訂製外框，搭配活頁鉸鍊五金，可隨需求調整角度，氣窗也能讓室內空氣流通更好。

086

087
豐沛光源輔助全白色系，空間更明亮

位於一樓的客廳有著落地大窗的優勢，大量日光自然湧入，順著豐沛光源全室採用全白、淺灰色系，有助明亮空間。而後方櫃體在層板內嵌燈帶，不僅作為重點光源使用，也成為空間的優雅端景。圖片提供 © 演拓空間室內設計

- 細節 - 為了不干擾視覺，客廳嵌燈座落在四角或是安排在茶几上方，避免眼睛直視。

088+089
通透半牆創造光線流動感

拉抬原有的降板設計，調整浴缸位置移至窗邊，營造開闊的洗浴感受。相鄰的馬桶區採用半高隔牆搭配清玻，光線能深入室內，洗面台也運用圖騰玻璃強化明亮通透的視覺，光線隨心所欲在全室自由流動，打亮整體空間。圖片提供 © 演拓空間室內設計

- 細節 - 馬桶區與淋浴區採用玻璃門片，加強光線的通透感，洗面台的玻璃隔間則貼上圖騰貼紙，透光不透視的設計讓洗浴更有隱私。

087

088

089

090

大面窗景搭配重點嵌燈，進光量豐沛充裕

順應空間原有的落地窗優勢配置客廳與書房，開闊的大面窗讓大量光線湧入，在空間亮度足夠的情況下，天花搭配嵌燈作為重點照明，客廳觀影、閱讀也不陰暗。相鄰的書房則以大型落地燈映襯，不僅加強局部光源，也更顯大氣。圖片提供 © 璧川設計事務所

- 細節 - 落地窗搭配百葉簾，入光量可隨時調整。而嵌燈則設置在沙發、茶几與書桌上方，集中重點光源有助照明。

091

全白色系迎接自然光，打亮空間

衛浴空間迎窗設置，大面窗的高樓優勢讓光線無阻礙地進入，順應採光的情形下，整體刻意採用全白色系鋪陳，強化自然光反射，藉此打亮整體空間。淋浴區與馬桶區則採用玻璃隔間，有助提升亮度與通透性。圖片提供 © 璧川設計事務所

- 細節 - 牆面、地面選用白色系的薄板磁磚，不僅有助空間明亮，自帶石紋的視覺效果更添貴氣高雅。

092

三面全白，強化明亮採光

客廳有著單面採光的限制，再加上屋主期望使用黑色地磚的前提下，為了讓空間保有明亮不陰暗，壁面、天花皆採用白色鋪陳，不僅有助光線反射打亮全室，透過不同材質層次的白也豐富視覺。而天花則加裝帶狀照明輔助，注入一股暖黃光暈。圖片提供 © 杰瑪設計

- 細節 - 電視牆採用自帶紋理的礦物漆，搭配白色櫃板，透過折射率高的白色與陽光相輔相成，提升空間亮度。

093+094

拆除隔間，入光量變兩倍

由於屋主夢想在日光充沛的空間下料理，因此拆除原有的書房隔間改為開放餐廚，形成大面積的落地窗景，同時客廳後方的主臥入口也順勢移至窗邊，光線能恣意流動，從客廳、餐廚到主臥都享有充足日光。圖片提供 © 杰瑪設計

- 細節 - 在充足日光的條件下，點綴簡約俐落的天花嵌燈，同時在餐廚搭配三盞 Muuto 的光纖吊燈，豐富視覺層次。

095

鐵件玻璃開口，折射豐富自然光影

考量家庭成員單純、僅有夫妻兩人，將原本二間狹小的衛浴予以合併，重新配置為完善乾濕分離、四件式衛浴，雖然空間原本有一對外窗，光線並不算太差，不過設計師仍刻意在衛浴、書房之間開設一道鐵件與玻璃開口，化成衛浴壁面收納，也經由不同角度自然光線，產生光影的層次，空間氛圍更美好。圖片提供 ©實適空間設計

- **細節** - 小窗使用百葉窗簾，可折射出線條狀的光影於壁磚上，增添空間畫面的豐富度，盥洗檯面、浴缸區域則利用屋主喜愛的復古工業感燈飾點綴，加上鏡櫃後方間接照明，讓氛圍更溫暖柔和。

096

鐵件玻璃隔間引入光與景

這是一間屋齡 30 年的老公寓，位於 15 樓高的位置以及周圍建物低矮的特殊條件，使空間擁有極佳的視野與採光，然而卻因為不當的格局配置，導致室內陰暗，改造重點為將廚房與更衣室移到空間內側，開窗面完全淨空、陽光灑入，高樓景致也重新展開，形塑明亮寬敞的空間感。圖片提供 ©ST design studio

- **細節** - 廚房與客廳之間使用金屬及玻璃組成的隔間劃分，光與景能進入，也讓廚房位於深處卻不顯封閉，可以隔絕油煙又能使廚房成為生活空間的背景。

097

刪減隔間讓光線自由流動

40 幾年的老屋，過去客廳被配置於空間的中心點，導致陰暗無光，加上外推窗與封板設計造成進光量縮減，將格局乾坤大挪移，刪減多餘的隔間牆面，客餐廳、廚房予以開放整合，並結合白色調為主的基調，空間清亮明朗、簡約乾淨。圖片提供 ©ST design studio

- **細節** - 將外推窗拆除後，加上斜天花的設計之下，讓光線折射屋內的角度變大，大幅增加進光量，提升室內的明亮度。

098+099

公私領域重整分配，讓光線得以貫穿

屋況 30 年的狹長老公寓，原始格局前後封閉，陽光受到層層的遮擋，客用衛浴更將整體空間一分為二，設計師重新安排，將私密場域整合於空間的左半部，另一半的公共廳區則打破所有視覺阻擋，讓場域彼此貫穿，光線恣意的流動其中。圖片提供 ©ST design studio

- **細節** - 減少櫃體及材料的包覆，客廳及臥房皆擁有大面開窗，架高臥榻之間以玻璃摺門區隔，彼此擁有更充沛的進光量。

100

保留原有充沛採光，重點打燈營造工業時尚感

能囊括周邊綠景的大型落地窗，讓身處於都市的住宅也能擁有貼近自然的感受，白天提供了充裕的採光，於人造光的設計上，採用重點式照明的手法，局部照亮沙發區，讓室內保留昏暗的氛圍，扣合輕工業風的設定，同時營造出居家小酒館的氣息。圖片提供 © 大名Ｘ涵石設計

- **細節** - 以半高牆面區隔客廳與開放性餐廚區，為了強化餐酒館的氛圍感，並且提供料理區足夠的照明，在上方鐵件櫥櫃嵌入燈條，偏黃的色感為空間注入暖意。

101+102

拆除隔間牆創造自然天光

將原本的居家格局微調，拆除隔間牆後設計為開放式廚房，巧妙串聯了客廳區域，讓空間更加寬敞，並且使全區享受到自然天光，入口玄關地坪以花磚鋪設，創造出輕快明亮的視覺感，並且與室內的木紋地板做出巧妙界定，而透過穿衣鏡的安排，讓屋主不但外出時能隨時整理儀容，另外鏡面的反射效果，也延伸了室內情景，提升空間放大的視覺感。圖片提供 © 知域設計

- 細節 - 白天有充沛的自然光享受，並設計嵌燈當夜晚的主要照明，讓色彩與燈光映照出美感層次。

103

玻璃磚、拉門創造光的通透延伸

25 坪的複層住宅，將廚房位置往左側移動、並拆除一道隔間，而緊鄰的書房隔間也以長虹玻璃拉門規劃，創造自然光線的穿透延伸，另一方面，考量隔間調整後，通風良好，因而讓水槽前端的窗戶封閉，改為採用玻璃磚材質構成微型立面，光線依舊可透至屋內。圖片提供 © 實適空間設計

- 細節 - 光線經由玻璃磚折射入內的隱約光影，帶有朦朧視覺效果，比起直接折射的光線更美，此外玻璃磚牆也巧妙成為傢飾用品的展示區，更具生活感。

104

去除隔間，釋放日光與自在動線

僅僅 12 坪的空間，原本隔出二房的隔間，不但格局擁擠也造成採光不良的問題，考量只有屋主一人居住，加上希望給予貓咪沒有阻礙的生活動線，因此設計師將隔間全然地拆除，留下衛浴隔間，徹底地讓大面採光窗能引進明亮舒適的光線，空間感也瞬間變得極為開闊寬敞。圖片提供 ©ST design studio

- 細節 - 客廳及主臥之間以半高電視牆劃設，既可區隔空間遮擋視線，兩側走道讓家形成回字動線，貓咪活動更自在，且不論是對於光線的穿梭或是空氣流通皆很有幫助。

天光共舞

105

斜角設計滿足光線穿梭

原始僅有前後採光的房子，三房配置將光層層隔絕在外，導致公共區域光線不足，廊道甚至成為暗角，在夫妻兩人的使用前提下，加上女主人希冀能有寬敞的空間跳舞運動，因此設計師重新針對進光量、角度予以規劃隔間，客廳拉出一道斜面，並以浴室為中心擴散出客餐廳及臥室領域，推拉門、玄關玻璃摺門，讓日光成為最好的陪伴，也藉此放大空間感。圖片提供 © 甘納空間設計

- 細節 - 推拉門其中一片為茶鏡，作為跳舞使用，亦為空間帶來朦朧的穿透感，玄關摺門以細長虹及水波紋玻璃交錯，滿足光線穿梭也保留生活隱私。

106

以天光破除廚房的陰暗印象

公共區域後段設計為開放式中島的廚房，有著大量廚具鍋碗瓢盆收納需求的機能區域，設計上以隱藏壁櫃營造現代簡約的空間感，並在中央設置結合烤箱、爐具、水槽與吧檯的大長桌，結合沿街對外窗，形成一個擁有光照的溫潤場域，讓廚房除了日常煮飯、燒菜的空間外，也成為男主人工作、視訊會議，以及家人閱讀、交談的複合活動空間所在。圖片提供 © 竹工凡木設計研究室

- 細節 - 善用廚房中島的大型桌面建構空間軸向性，讓廚房除了既有的功能外，也能整合工作、對談、閱讀等靜態活動，搭配明亮的天光映照，打造愉悅的居家工作氛圍。

107

借窗取光保持空間視野通透

在小坪數的屋內，幾步間的距離就能到達不同的區域，以借窗取光的想法來保持空間視野的通透與環境明亮，玻璃隔間介入屋內，使得沒有開窗的客廳、餐廳、廚房也都能享有明亮的陽光。大面木地板與灰藍色的上樑延伸，賦予空間清爽幽雅的自然生活風格。圖片提供 © 拾隅空間設計

- 細節 - 餐桌上方選用 Menu Cast Pendant Light, Shape 4 凱斯系列的金屬垂掛吊燈，靈感來自古埃及的建築技法，以秤錘平衡來確認水泥工匠施作時的垂直，所以有著秤錘的立錐造型，極簡與俐落的線條搭配線性，勾勒出幾何的美學畫面。

108

玻璃背牆書櫃化身通透隔間

臥室與公領域之間,以格狀薄荷綠置頂書櫃
作為隔間牆,櫃體架構為木框架,背牆材質
卻巧思選用通透的長虹玻璃,保持了書房與
臥房空間的透光效果,光線穿透、保有隱私,
實現屋主期盼以書作為隔間的浪漫設計。圖片
提供 ©ST design studio

- **細節** - 臥房門片特意使用無框橡木門,形成如
端景立面的效果,並搭配簡單純粹的手吹玻璃
壁燈,讓背後散發的光暈能襯托出木紋質感,
提亮角落空間。

109

110

111

109+110

格紋玻璃、大尺度門扇，讓光徹底釋放

23 坪的住家，原始格局卻規劃了三房，隔間瑣碎導致光線無法徹底擴散，因應家庭成員僅夫妻兩人，大刀闊斧重新針對需求配置格局，一大房的設計，加上更衣室特別選用格紋玻璃為隔間，通透的材質讓日光能進入衛浴廊道之外，令人倍感舒適。圖片提供 © 甘納空間設計

- **細節** - 主臥房門可旋轉大角度維持開啟，光線獲得通透釋放之外，空間尺度也跟著被放大許多。

111

結合採光與桌檯使用的開窗

屬於熱帶氣候的台南，終年陽光普照，而基地本身亦為四周無遮蔽的獨棟房舍，善用氣候風土，引光入室便成為空間設計中的一大課題。在起居室臨窗面，特別以 75 公分的高度設計了可供閱讀、品茗的幾何平面窗台，並沿著對外窗圍塑成一個木質窗框。穿透玻璃灑落的光線，隨著不同時序有了不同的角度，空間的層次變化，停駐窗台內，屋外廣闊的藍天白雲，田埂綠蔭，都成了室內絕佳的風景構圖。圖片提供 © 竹工凡木設計研究室

- **細節** - 一般對外窗多單純作為採光之用，透過設計上的巧思，藉由木質窗台的設計，結合「框」的語彙造型，便可賦予採光之外結合光照需求的其他人為活動。

112+113

玻璃開口、拉門導入自然光，明亮通透

原本陰暗狹窄的衛浴隔間微調，往主臥稍微擴大，獲得更為舒適寬敞的沐浴空間，衛浴門片一併更換為長虹玻璃拉門，包含淋浴、浴缸區域也特意加入玻璃開口，徹底改善光線問題。一方面，藉由隔間的進退調整之下，也使得更衣間增加大約 60 公分的收納空間。圖片提供 ©ST design studio

- **細節** - 浴室內部一併改變面盆的方向，同時把盥洗空間加寬、設置大面鏡子，造就明亮通透的空間感。

112

113

114

115

116

114

窗明透綠的雅緻私家寓所

本案為年輕頂客族夫婦位於上海的自宅，考量倆人平日生活型態，常需仰賴居家空間工作，且對互聯網有高度依賴，特別以長向矩形配置的公共活動區域貫穿 L 形平面，由客、餐廳與廚房依序排列組成的公共區域，與包含主臥房及客房的私密場域，以大面積對外落地窗連結陽台，讓屋外光線穿透入室，投射入長向的公共空間，並輔以設計手法強化空間的線性氛圍。圖片提供 © 竹工凡木設計研究室

- **細節** - 低矮樓層的公寓外常可見林蔭道樹冠繁茂生長，運用大面落地窗除了可將光線引入室內，亦可將屋外景致形構框景，創造美好家居形象。

115

半穿透鐵件格牆散射溫暖日光

24 坪的新成屋原始格局切割過於瑣碎，導致空間中心陰暗無光，重新針對屋主的使用需求與思考光線的引入，設計師選擇將隔間拆除、替換不同材質與形式，白色鐵件格牆、拱門經由臥室散射出溫暖的光芒，再藉由純白色調的反射與渲染展演空間的變化，讓室內充滿自然光且敞亮。圖片提供 © 甘納空間設計

- **細節** - 鐵件格牆不僅僅具備半穿透引光作用，同時也是屋主收藏傢飾的展示舞台，另外若需要隱私時，只要拉起窗簾，即可圍塑寢眠安全感。

116

光透滿室的開放式居所

在大台北都會核心區北側的士林，素以享有高度生活品質與便捷機能聞名，本案即是位於該處高層公寓內的一戶簡約私宅。面對狹長形的整體平面佈局，設計團隊特別將公共區域以開放式設計的方式呈現，客廳、餐廚空間、工作室依次貫穿，短向兩側大面落地窗讓自然光照能最大程度地漫射入室，藉以改善長形平面空間破碎，中段陰暗的採光劣勢。圖片提供 © 竹工凡木設計研究室

- **細節** - 矩形平面的家宅設計是最常見的一種住宅型態，缺點是在中央部分易有光線不足的問題，開放式設計能適時將自然光線引入，增進空氣流通並改善採光，可謂一舉數得。

117
兼顧明亮通透的住宅工作室

設計師將服務性的機能空間與臥房收攏於近入口處的長向一側，其餘空間為主要生活與工作場域。由於男主人屬於在家中工作的金融分析顧問，面對生活與工作合而為一的空間使用需求，公共區域的後半部特別設計為工作區，延續前半部以木質鋪面結合灰黑色基調的質感，呈現統一的暖色調性，結合開窗面灑入室內的自然光線，簡約的語彙與氛圍，讓「家」在起居生活之外，也能滿足網路時代遠端工作的空間需求。圖片提供 © 竹工凡木設計研究室

- 細節 - 開放式平面除了便於採光，解決室內昏暗的狀況外，也提供了使用者更多元的彈性，透過完美的居家配置，也能在家簡單營造出置身國外優質工作環境般的閒適。

118
住宅中明亮通透的過廊

這是位處南台灣聚集中小企業聚集地－台南永康的私宅，為開設五金廠家族於廠房旁空地興建的居所。新建的鋼構建築三樓為年輕業主獨享的完整生活區域，包含由陽台、主臥房、客廳與起居室組成的開放空間。設計師以緊鄰牆面的主動線串聯不同室內空間，由前端陽台一路貫穿至後側起居室，廊道以木質地板鋪面與數扇開窗適時將自然光引入室內，為一個單身居住場域打造熱情、年輕的氛圍。圖片提供 © 竹工凡木設計研究室

- 細節 - 廊道在住宅中用於串聯不同空間，在行為活動中有其重要性，善用廊道的鄰牆特質，以開窗結合木作鋪面，讓自然採光與木質色澤營造明亮光照的室內情境。

118

天光共舞

整體空間照明的配置，可從希望營造的照明到各種不同的空間需求著手規劃，例如玄關、臥房通常只需要 2800K 色溫便足夠，客廳區域除了利用嵌燈或軌道燈配置基礎照明之外，也能善用立燈及桌燈等局部照明營造光影層次。

機能作用

119

軌道燈可隨意橫移與變化照射角度

喜歡變化居家擺設的人，可以考慮運用外掛式的軌道燈設計，由於軌道燈上的燈具可以左右橫移外，還可以改變燈光角度，非常適合用來照亮不固定位置的展示品，除了燈光使用的便利性外，軌道燈因為燈具本身具有工業感，也常應用於 Loft 風格與現代風格的居家中。圖片提供 © 木介空間設計

120

書房燈具避免裝設在座位後方

如果光線從後方打向桌面，閱讀會容易產生陰影，可以選擇在天花板裝設均質的一字型燈具、嵌燈或吸頂燈，維持全室基本照度，並輔以閱讀檯燈作為重點照明，另外如果是經常使用的書桌照明，可以將燈光內藏於上方書櫃下源，以漫射性光源為主，防止陰影造成視覺疲勞。圖片提供 © 爾聲空間設計

121

玄關以輕快柔和燈光為主，加強重點照明

玄關是進門的第一個空間，講究舒適感，因此建議玄關色溫約 2800K 左右即可，不宜太亮，並可利用不同燈光組合營造，如吸頂燈全室照明、或用鞋櫃上方的層板燈間接照明打亮壁面及天花，再用投射筒燈、壁燈增強整個空間照明效果，讓柔和明亮的燈光能彌漫整個玄關。圖片提供 © 禾光室內裝修設計

122

工作區適用色溫約 5000K 的白光，休閒區適用色溫約 3000K 的黃光

選用黃光、白光沒有哪個一定比較好，主要還是以視覺感官為主，但如果是強調作業或安全考量的區域，例如：廚房、書房、浴室等，建議最好還是選用白光，視線較為明亮清晰。以廚房來說，除了天花板的一般照明之外，還可於廚櫃下裝設嵌燈，加強烹飪區照點重的明；如果是用餐為主的餐桌上方，可以選用黃光等高演色性光源為主，不僅營造出氣氛也能增添食物的美味。圖片提供 © 實適空間設計

123

臥房照明不宜太強，2800K 為佳

臥房照明可用整體或局部照明互相搭配使用，建議色溫大約 2800K 左右較佳，為了營造氣氛時，可單獨使用局部照明，當使用整體照明時，應在門口及床頭設置開關，好讓人進入臥室時有亮光出現，入睡時只要伸手即可關閉。圖片提供 © 禾光室內裝修設計

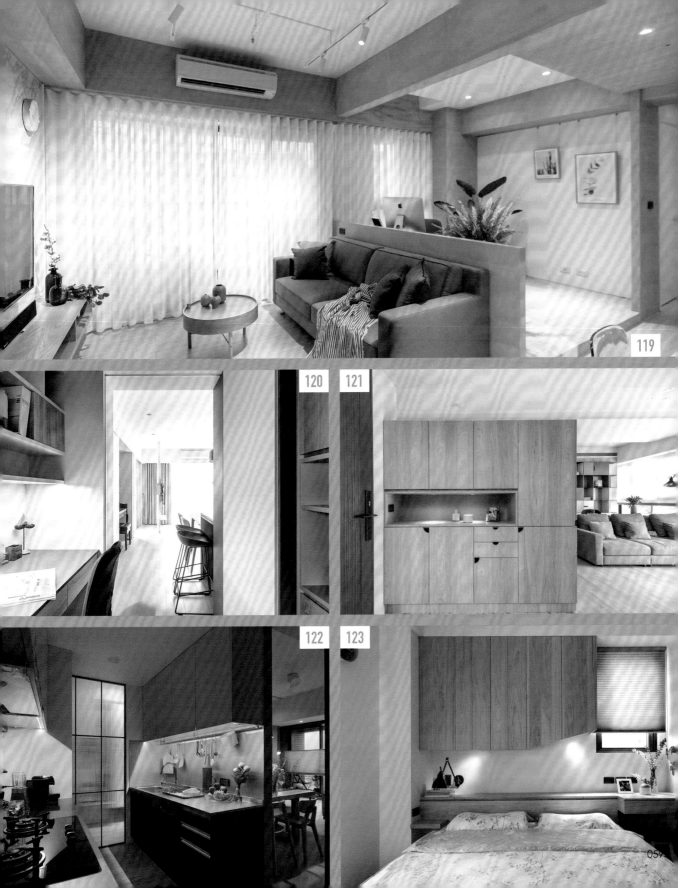

119

120 121

122 123

124

124

櫃體上方加裝燈條，陰影不遮眼便利更加分

開放式的餐廚設計當道，經常需與公領域共用照明，天花板的嵌燈雖能提供足夠的基礎照明，卻由於櫃體層板的遮蔽，以及背光等因素產生嚴重的陰影，導致切菜與烹調時，視覺昏暗不明，為了解決此問題，於櫃體下緣加裝燈條，彌補工作檯面的照明不足，優化烹調過程的視線清晰度。

- 細節 - 溫暖的黃光雖能營造溫馨的氛圍，卻不利於需要長時間且聚精會神的活動，例如閱讀、烹飪切菜等，因此將此區的色溫定於 4000K，以不刺眼的白光照明，養護屋主的視力。

125

軌道燈條把天花板變成畫作

在工業風居家造型中，軌道條和軌道燈是工業風常用元素，但設計師將天花板當作一張畫布，把軌道條和軌道燈代表畫中的線與圓加以配置，使得天花板雖僅利用軌道燈鋪陳的線條設計語彙，卻不流於單調。從客廳到廚房形成一道完整的採光面，窗戶很長且橫跨兩個空間，客廳光線更均勻明亮，放下大幅投影幕，還可以有私宅電影院的效果。圖片提供 © 丰墨設計

- 細節 - 當想要望向窗外，不必室內很亮，只要打開窗邊臥榻上方的軌道燈，享受戲劇化的情境營造，在臥榻上休息、聽音樂，為生活製造浪漫。

126

餐桌嵌燈照明換位變靈活

因應屋主平時生活習慣，餐桌有時想放直的或橫的，所以餐桌照明不使用吊燈，主照明利用嵌燈投射，燈泡照度在 400 至 600lux 之間，若要菜色看起來漂亮，高演色性的 LED 燈更佳，這樣燈光投射出來的擬真呈現效果好，對焦更清楚。餐桌旁的餐櫃內裝設嵌燈作為輔助光源，木作的餐櫃搭配暖黃燈，讓用餐氛圍更放鬆。圖片提供 © 賀澤設計

- 細節 - 吊燈是屋主心目中對餐廳的想像藍圖，但為了餐桌可以彈性移動之下，於是調整一般思考模式，讓吊燈設定在中島上方，餐桌搭配 LED 崁燈照明，餐桌變換時也增添生活趣味。

125

126

127

床頭壁燈貼近個人習慣

主臥空間在床頭鋪陳馬鞍皮加車縫線妝點，並於上半部鋪敍淺色木皮，透過溫潤與時尚質材交融，展現異材的混搭趣味，除了透過窗面導入自然採光，也考量夫妻都有睡前閱讀習慣，在床頭兩側安裝壁燈，作為睡眠前的閱讀燈使用，並加入可彈性調整角度設計、使用上更便利，亦不影響到枕邊人的睡眠。圖片提供 © 澄橙設計

- 細節 - 床頭壁燈選擇淡雅的可可色，與皮革、木皮形成色調呼應，搭配異材中央極細的金屬收邊，呈現對稱工整的主牆畫面。

128

燈光結合窗光 創造情境變化

僅有 18 坪的挑高夾層屋，將木天花板作斜向處理，並懸掛玻璃球狀主燈，兼具照明與裝飾性作用，形成空間亮點，而沙發後方的一排嵌燈，則做為輔助照明使用，透過光影投射達成洗牆效果，將牆面建材紋理烘托得更為細緻，在吊燈、嵌燈的相互輔助之下，使客廳具有更多明暗選擇。圖片提供 © 澄橙設計

- 細節 - 善用畸零角落，於窗邊規劃臥榻，設置彈性功能摺疊書桌，作為可休憩或居家辦公的多用途角落，並保留窗光面積，使些許光線可過度至客廳。

129

依循樑線定義燈光範圍

打除隔間，串起場域的密切關係，透過開放式的公領域促使光線交流，凝聚敞亮視野，並依循著樑線延伸，分界出客、餐、廚、書房四個區塊，並安排各段落不同的投射燈光，同時承襲工業風格不封天花板，選擇將餐吊燈的燈座鎖在管線底座上，以燈光定義不同的使用場域範圍。圖片提供 © 澄橙設計

- 細節 - 餐吊燈選擇同一系列、不同款式的水泥燈罩，並維持一樣的水平高度，在秩序中顯出層次、增添視覺變化性。

130

吊燈定義場域 延伸廚房機能

將有限的廚房範圍拓大，在內廚房外部安排一
座小吧檯，上方安裝兩盞吊燈定義使用位置，
不僅是餐吊燈、也是閱讀燈，讓吧檯可同時
作為輕食餐區或孩子的開放小書房，而其便
利位置更可讓女主人一邊做菜、一邊往外照
看孩子的情況，享有更具互動感的使用情境。
圖片提供 © 澄橙設計

- **細節** - 此空間以遍佈的明管定義工業風格，且
沒有封天花板，選擇將吊燈座鎖在六角明盒的
下方再將之垂吊，達成最好的支撐。

機能作用

131

131

不規則主燈平衡天花穿樑視覺

餐廳延伸全室大器溫潤的咖啡色調，仿古面石材作主牆，桌面、地坪、背牆皆採用木質元素，透過建材本身的紋理妝點空間。由於餐桌上方橫亙一道樑，在業主不想全面封板、降低天花的前提下，設計師選擇不規則造型主燈轉移視覺焦點、平衡因橫樑造成的高低落差。圖片提供 © 工一設計

- **細節** - 餐廳除吊燈主燈外，另外以天花嵌燈補足周圍光源。客廳小几擺放與吊燈同一系列的球泡型檯燈，成為開放廳區相互呼應的機能裝飾元素。

132

以餐廳吊燈作為空間跳色主角

近年來，將吊燈作為藝術燈使用，將其定位於空間亮點的設計手法蔚為風潮，此空間原有的色調偏向冷色調，以藍、灰、黑、白延伸全室，為了於空間中適度地注入暖意，爾聲設計利用餐廳的橘紅色北歐風吊燈，回應簡約無壓的室內風格，並與藍色主調形成互補，並巧妙地與視覺末端的畫作色調相互呼應。圖片提供 © 爾聲設計

- **細節** - 餐廳後方為兩個不同的功能空間，以牆面錯位的設計，包容廚房冰箱與書房書櫃的需求，並使用清玻拉門，使光線通透。

133

水泥吊燈妝點紅磚牆語彙

廚房中島採用水泥鏝光材質，渲染水墨畫般的深淺筆觸效果，而為了配合中島而挑選水泥材質燈罩，水泥燈粗獷的外表下，表面平滑而細膩，展現極致工藝的靈魂，以不同燈罩外型設計揉合水泥材質的樸素質地，帶來活潑的律動感，中島後方由仿舊紅磚牆與鍍鋅鋼板門片構成的儲藏室空間，水泥吊燈呼應材質對話，也成為匠心獨具的牆面語彙。圖片提供 © 丰墨設計

- **細節** - 廚房中島主要照明來自水泥吊燈，使用色溫 4000K，以因應中島工作檯面所需的亮度，搭配軌道燈作為輔助照明，投射在紅磚牆上營造氣氛。

132

133

134

吊燈輔助中島空間更和諧

餐廳因有大樑構造，若在餐桌位置採用吊燈形式的燈具，吊燈位置將會一高一低，因此將吊燈設定在中島上方，吊燈高度一致，與餐廚空間比例更和諧。餐桌的主要照明來自於軌道燈，以斜角投射，中島吊燈主要為空間帶來美觀的輔助燈效果，因此在水槽右邊也有安裝投射燈給檯面，切水果或切菜時才有足夠亮度。餐廳的光源也可透過玻璃屏風漫射，帶給玄關明亮空間感。圖片提供 © 賀澤設計

- 細節 - 餐廳以實木餐桌作為主角，銜接簡潔的開放式吧檯，兼具輕食廚房與餐廳等用途，為了避免大樑加上吊燈形成壓迫感，丹麥品牌燈具 GUBI 吊燈安裝在中島上方會更適切。

135

走道洗牆燈最佳導覽動線

挑高客廳從樓梯順勢帶往二樓走道，利用黑色鐵件與長虹玻璃結合，讓客廳充沛採光透過玻璃挹注到樓上，再加上廊道背面的天窗影光也會照進二樓，只要白天時，即便走道也能保持明亮空間感。整條廊道僅利用客廳天花板的間接照明，安裝薄型燈在天花板內，以及走道底端採用洗牆燈間接照明，將光帶作為前往書房的動線引導。圖片提供 © 賀澤設計

- 細節 - 在獲得客廳、樓梯與天窗三方光源之下，二樓走道僅需為夜晚設想照明規劃，以現有空間條件將間接照明巧妙藏進天花板內，加上洗牆燈引導動線，簡單明瞭。

136

天花、壁面照明書房，發色度因背景而改變

與客廳沙發相對牆面，以上吊櫃、石材檯面簡單組構出開放式書房，活用邊角空間，提升住家使用坪效。這邊利用天花、壁面兩個燈帶作主要泛光照明，一是上方的磁吸式燈帶，另一個則是嵌於櫃體下緣的間接光。圖片提供 © 新澄設計

- 細節 - 天花與壁面燈帶其實都屬於同一色溫 3000K，但因為內嵌櫃體的壁面燈帶映照在黑色漆面上，光源被深色「吃光」，所以呈現出更明顯的發黃光暈。

137
工作桌吊燈工業風一氣呵成

利用樺木合板和美耐板為屋主量身打造的工作桌,不但加裝輪子,可以在空間中自由移動、重新組合不對稱的工作桌設計,其實是增進互動的巧妙安排,偶然抬頭就能看見彼此。工作桌主要照明交由兩盞大吊燈負責執行,安裝在軌道條上,可隨書桌移動而調整照明位置,並選擇深具工業風形象的船燈,濃厚的復古氣質,與工業風空間主題相呼應。圖片提供© 丰墨設計

- 細節 - 兩盞黑色船燈造型的大吊燈是書桌的主照明來源,工作設定使用色溫 4000K 亮度,軌道燈則是可以調整角度,輔助整個桌面沒有暗點,以避免低頭看書寫字時出現陰影。

機能作用

138

138
讓光暈成為劃分空間的導引

客餐廳於空間中時常扮演著十分重要的角色，通常是入門後的視覺焦點所在，跳脫以滿版牆面作為電視牆的設計手法，源原設計以半高的矮牆保留空間的通透感與連貫性。在整體風格簡約優雅的空間中，為了避免半高電視牆的氣勢不足，電視櫃下方加裝間接光照明，藉此展現電視牆的主角性，同時亦成為雕塑空間線條的最佳助手。圖片提供 © 源原設計

- 細節 - 電視牆後方為書房區域，與客廳並無牆面作區隔，為了明確定義空間，以光線作為無形界線，於天花嵌入燈條，散發低調內斂的光芒，不僅回應空間氛圍，亦滿足劃分不同空間的功能性。

139+140
書房閱讀燈兼顧聚焦與舒適

書房雖在白天時可以引入微量客廳光源，但看書時仍需要開燈，由於空間以閱讀為主，照明著重聚焦功能，不需要將整間書房打得非常亮，因此在書桌上方與左前方皆有設置投射燈，燈光選擇演色性 4000K，暖白、暖黃混和近似自然光，閱讀時獲得最舒適狀態，加上書房背牆利用洗牆燈形成一條光帶，以及書櫃下方同樣設置燈帶，讓人在書房裡更專注、更沈靜。圖片提供 © 賀澤設計

- 細節 - 書房首要重點在於照明，由於光線所投射到的物件色彩會與燈光條件相關連，因此深色木質書桌在 4000K 燈光演色性下就顯得特別柔和。

139

140

141

遙控微調明暗，可拆式燈管增添生活彈性

居家公共區域常用來招待賓客，採用開放式規劃，為確保住戶隱私，開窗都加裝百葉門片視需求調節明暗。客廳照明部分，設計師特別打造骨架固定於天花，看似普通的日光燈是最新可拆式設計，操作上如同傳統軌道燈，屋主可以自己 DIY 拆、裝，隨時改變光源亮度與明暗位置。圖片提供 © 新澄設計

- 細節 - 可拆式日光燈管還具備色溫微控功能，可利用遙控器調節正常或稍亮，為日常生活帶來更多便利。

142

鐵件沖孔鞋櫃成過道輔助光源

鞋櫃位於玄關過道一側，採鐵件沖孔板做門片材質，內部上層層板都加裝照明燈管。平常關閉時，光線透過孔洞縫隙透出、成為有趣的發光裝飾，鏤空表面亦適度減輕了量體的壓迫感，同時它也可作為玄關輔助光源用途；當打開門片，充足光線讓屋主無需另外開燈即可找到想搭配的鞋子。圖片提供 © 新澄設計

- 細節 - 鏤空燈光鞋櫃與客廳一側櫃體整合於一處，是建築粗柱的延伸，利用暗色材質與設計手法展現，賦予量體更輕盈、無壓的全新機能面貌。

143

ㄇ字背光帶來最佳盥洗鏡面照明

單身男子臥房以水泥灰、黑、白為主色調，暈黃低調光源打造神秘睡寢氛圍。除了各處點綴的局部嵌燈照明，最明亮位置大概是主臥內側的衛浴空間上方 3000K 黃光燈帶與鏡面背光，提供盥洗檯面所需明亮度、又不至於過渡干擾其他機能區塊。圖片提供 © 新澄設計

- 細節 - 盥洗台鏡面背後貼上ㄇ字型光帶，提供上方與左右側光，為使用者帶來最佳照明光源，使其能近距離看清楚鏡子裡頭的自己。

144

玄關以視覺燈帶迎賓

從大門踏進屋內，映入眼簾的便是讓人眼睛一亮的光帶！光帶出現於板岩磚地坪與端景牆面、天花，令處於相對較暗位置的訪客自然往前望，達到視覺延伸的路徑引導功能，同時具備基本照明效果。玄關右側為鐵件鏤空鞋櫃，左側則是山洞型穿衣鏡，賦予過渡場域專屬主題印記。圖片提供 © 新澄設計

- **細節** - 地坪裝設燈帶需先拆除全室舊有地磚重新鋪設，在燈帶位置預留磁磚縫隙，所需深度約 2.5 公分。燈管面材為 PVC 壓克力材質，嵌入後可直接使用、無需另外加裝阻隔面板。

機能作用

145

垂直立面磁吸式燈帶，拉闊空間感

呼應天花的線型軌道，設計師在電視牆後方大膽勾勒出一方垂直地坪的ㄇ字型磁吸式燈帶，以明暗的間斷手法為光帶帶來不同變化。隨著線條天花、壁面的轉折走向，從沙發區看過去瞬間視線產生錯覺，彷彿拉闊了整個廳區長度，達到放大整體空間感的效果。圖片提供 © 新澄設計

- 細節 - 磁吸式軌道寬度約為 2 公分左右比傳統軌道燈更窄，能勾勒出更細膩線條。光帶部分採卡扣式設計、組裝拆卸更加方便，其長度固定為 100 公分，可連結多段自由延伸。

146

好拆卸 15 公分圓形軌道燈，提供主臥均勻光源

主臥利用大量木質元素、線型金屬建材與柔軟織品混搭成舒適的放鬆場域。天花照明選用直徑15公分的圓形軌道燈作為臥房主照明，光源透過擴散片打出，賦予空間非聚光型的均勻採光，可以簡單拆卸、移動、組裝的設計，也毋須像嵌燈一定會在天花留下孔洞、無法更改位置，居家日常使用十分便利。圖片提供 © 新澄設計

- 細節 - 由於屋主本身有收集精品傢具傢飾嗜好，設計師選用 Flos Romeo Moon 桌燈、Louis Poulsen AJ Floor Lamp 立燈搭配 Cassina LC2 Chair 焦糖色休閒椅，用大師級作品打造寢區低調休憩一隅。

147

內嵌軌道燈，為客廳帶來充足四方光源

為了盡量維持樓高，客廳選用軌道燈作為主要照明。有別於近年流行管線外露的粗獷工業風，設計師內嵌軌道於天花當中，保留黑色圓角框線，令軌道燈以更精緻、造型感面貌融入簡潔空間中。這裡基本擁有來自四個方向的照射角度與中央的嵌燈補光，為廳區帶來充足光源。圖片提供 © 新澄設計

- 細節 - 不外凸的內嵌軌道需在天花請木工預留縫隙，一般來說不同廠牌尺寸約為 5 ～ 7 公分，做好後屋主可以自行增添、移動，具備充分自由度。

148

垂墜吊燈延展空間感

考量到餐廳的空間感、採光度較差，做出斜木屋頂並在中段加入灰鏡處理，透過鏡面的照映特性，讓空間感與明亮度都更為強化，搭配垂墜式的水晶吊燈，以及金屬的燈座，做出有如冰柱般的剔透感，並拉長整體的垂直向度，營造出低奢的視覺饗宴，底下座椅亦採用通透造型，讓小空間顯得輕盈放大。圖片提供 © 尚展設計

- 細節 - 周邊牆面則留有嵌燈設計，補足走道與櫃體光源，並針對牆面的畫作作出洗牆照明效果。

機能作用

149

燈具選搭亦需考量天花線條表現

此臥房的天花板高達 3 米，因此有足夠的條件可以藉由弧形天花的設計，展現曲線於空間中的張力，同時凸顯落落大方的天花高度。為了不讓燈具干擾簡練流暢的線條，源原設計捨棄吊燈的搭配，而是選擇以壁燈作為床側的照明光源，夜晚時不僅可作為小夜燈使用，單開也能為氛圍加分。圖片提供 © 源原設計

- 細節 - 臥房右側連接著更衣室與浴廁，更衣室照明的重點在於提供足夠的視覺清晰度，避免使用者感到昏暗，以及因為看不清楚而感到使用不便。

150

新型鋁擠燈條，光暈渲染呼應簡約訴求

展現水泥原始質地的浴廁，從立面材質的設計便已跳脫尋常的浴廁設計，將洗浴的私密時光也視為一種生活中的享受，比照飯店的設計思維，慎重的琢磨物件線條與材質表情的對話；而良好的燈光設計能讓這些設計巧思獲得良好的凸顯，於天花與壁面接縫處嵌入鋁擠型燈條，利用其尺寸纖細的特性，製造出線條俐落、可回應空間氛圍的間接光，由上而下灑落的光暈使立面的材質觸感更富有層次。圖片提供 © 源原設計

- 細節 - 此浴室內的淋浴間與面盆朝向為同方位，之間並無玻璃隔間，但基於乾濕分離的需求，以水泥隔牆相互阻隔，為了讓兩個獨立的空間依然能產生串聯，巧用燈光為其搭建橋樑。

151

根據立面設計決定照明方向

雍容的大理石地面與壁面，銜接了色調柔和靜謐的塗料牆面，緩和大理石表達尊榮華貴的意圖，轉而提煉出一股從容優雅的氣息，細長的橢圓面鏡為空間中唯一的曲線元素，協調了材質相互交錯拼貼的方型塊面，彷彿從銜接處迸裂而出的細長暖黃間接光，不僅低調彰顯了材質拼接的巧思，亦無形中輕量化了整體空間的視覺重量，並且使壁面更具有立體感。圖片提供 © 源原設計

- 細節 - 玩味異材質的拼接的同時，亦須考量空間色調，慎重選擇材料色，例如檯面的玫瑰金屬色便與壁面色調產生對應；照明方面，相較於冷調白光，暖調黃光於此空間中更顯匹配。

150

151

152

153

152

層架底部照明取代閱讀檯燈

閱讀區設置於主臥入口左側，有效使用寢區與浴缸之間場域。190 公分長、60 公分寬的簡潔桌面是由木作與系統板材組合而成，將照明整合於上方吊架底部，解決窄小檯面置物空間有限的困擾，也令整體畫面更加簡潔俐落。圖片提供 © 新澄設計

- 細節 - 桌面高度設定為 72 公分，燈具距離檯面約為 50 公分，設有電源與網路插座，屋主在這裡能夠擁有充足亮度，無論是閱讀、使用筆電、手機充電都能運用自如。

153

層板 LED 條燈照亮更衣室

由於屋主為單身男子，房間只需保留主臥與客臥即可，便將原本獨立書房空間併入主臥、改作更衣室，完整機能性。更衣室天花沒有設置主照明系統，而是利用櫃內層板下方的內嵌燈管達到足夠明亮度。這裡採雙出入口動線設計，靠牆側規劃一整面落地灰玻衣櫃，與睡寢區之間則設置獨立層板櫃，背面則做電視主牆使用。圖片提供 © 新澄設計

- 細節 - 天花唯一局部照明隱藏於黑色線條中，主要用在收藏飾品的錶櫃檯面，小顆嵌燈作為屋主挑選精品的輔助光源。

154

藝術氣息明星化妝燈，表現內斂儀式感

在整體調性質樸簡約的臥房中，希望能給予女主
人專屬待遇的享受，因此於化妝桌兩側加裝了明
星化妝燈，不同於常見的 IKEA 化妝燈，源原設
計特地因應周圍元素以及整體風格，量身訂製了
能無縫融入空間當中的化妝燈，期待女主人能享
受梳妝打扮的過程，讓成果也能更加別出心裁，
此外，為了避免化妝燈過於明亮導致刺眼，源原
設計建議燈泡採用 5 瓦、4000K 的色溫與明度。
圖片提供 © 源原設計

- **細節** - 不將就於現成的燈飾，重視空間中每一個物
件的呈現，並且將其視為藝術品進行琢磨，將化妝
燈的線條簡化，削去浮誇感，轉而以低調內斂的方
式展現儀式感，仿古金的材質具有畫龍點睛的效果。

機能作用

155

155

將照明與多元功能性合而為一

在大門入口玄關處,除了滿足穿、脫鞋的功能性,若還能提供掛置外、包包等物品的掛架,便會大大提高玄關畸零空間的機能性。源原設計試圖跳脫千篇一律的玄關設計,首先將對應屋主習慣的功能需求列出後,進而以設計的思維逐步實現,將鐵件設計成掛衣勾,並且與燈具結合,不僅提升使用的便利性,也不失為迎接屋主回家的一道暖光。圖片提供 © 源原設計

- 細節 - 此玄關燈具為源原設計特地為屋主量身打造,專屬訂製而成,除了選購現成的燈具,也可使用客製化的燈飾,使其不僅僅具有照明功能,還能更貼近居住者不同面向的生活習慣與需求。

156

LED 燈帶層板照明為閱讀區帶來明亮

ㄴ型桌面延伸靠窗臥榻,打造出簡潔舒適的在家辦公、閱讀場域。由於後方開窗面向工作陽台、採光有限,因此將書房採開放設計,與走道共享光源與空間感,主要燈光來自桌子前方走道光與側邊層板照明。圖片提供 © 工一設計

- 細節 - 嵌於層板下方的 LED 燈帶是由鋁框與擴散模組構而成,提供足夠光源同時隱藏刺眼的 LED 光珠,纖細的體積在照明時只會呈現一道光帶外露出來也不奇怪、使用較不受限。

156

157

LED 燈內嵌鋁框層板,凸顯精品質感

推開滑門,延伸地坪的木色來到主臥更衣間,這裡鋪陳溫暖濃郁設色作機能空間主調,散發出精品展示、收納的優雅氛圍。櫃體為系統廠商特別開發、設計的高質感鋁製層架,LED 燈條內嵌層板縫隙,背襯木紋背牆,妥善安置每個精品包包、飾品。圖片提供 © 新澄設計

-細節- 鋁製框架厚度僅 4 公分,搭配玻璃層板,打造出纖細、俐落的層板骨架,一改系統板材的既定印象。

158

燈條內推，亮度足夠使用無礙

現代住宅愈來愈注重更衣室的設計，傾向於給予其一個獨立的空間，以天花板嵌燈的方式提供照明是最常見的手法，此照明方式容易由於層架的遮擋而產生陰影，導致視覺不夠明亮，進而降低了使用的便利性。源原設計為了解決此問題，除了天花嵌燈外，於衣櫃上方加裝了鋁擠型燈條，提供櫃內照明，鋁擠型燈條線條簡約，可保持空間線條的簡潔性。圖片提供 © 源原設計

- 細節 - 於衣櫃內部加裝燈條時，會建議由外緣內推 5 公分，如此一來燈光會恰巧照耀於衣物邊緣，方便屋主輕易辨識款式的不同。

158

159

隱藏起來！透明輕盈的餐廚光球

方型中島檯面與石紋餐桌併作一處，放大廚房與餐廳兩個機能場域備餐、用餐的平台面積，使用起來更加順手。選搭球型燈以細線、玻璃材質代表的纖細與透明特性，弱化燈具存在感，讓其隱藏起來，保持開放空間的視覺穿透，只有夜間像一顆顆透明光球飄浮、亮著。圖片提供 © 理絲設計

- **細節** - 吊燈以大大小小不規則圓球形組合而成，特別在電線連結的兩端點選擇黃銅色金屬零件，在全室燈具上作材質串聯。

160

廳區四角嵌燈補足角落採光

客廳照明主要來自白天的側面大開窗、與晚上的黃銅吊燈。天花四角皆設置嵌燈，補足主燈無法顧及的角落位置，要是晚上有高度的照明需求，全部開啟即可達到全室明亮效果。一旁的展示櫃體擺放屋主收藏，後方藏有層板間接照明可以很好地為展品打光。圖片提供 © 理絲設計

- **細節** - 男主人偏愛金屬、黑、白色調，因此主要的迎賓客廳選用黃銅玻璃球燈呼應圓弧金屬茶几，為簡潔空間注入精緻、藝術氣息。

161

純白壁燈點亮客廳主牆獨特紋理

40 年屋齡的北歐風住家，地坪鋪貼實木人字拼，復古自然的木質紋理呼應手感灰色電視牆，點綴活潑鮮艷櫃體、傢具與純白造型壁燈，令空間充滿輕快、人文的溫馨氛圍。除了白天大片灑落的自然光，廳區以軌道燈、層板間接作主要照明。圖片提供 © 方構制作空間設計

- **細節** - 純白簡約壁燈融入北歐風整體氛圍，可愛造型成為主牆裝飾，散發出來光暈映照立面，凸顯上頭手感紋理。

161

162

暈黃燈光映照時尚摩登客廁

一樓公用客廁跳脫簡潔明亮的傳統印象，使用
深灰漆面打底做背景，暈黃光線映襯、扮演著
催化氣氛的關鍵角色，寶藍與金兩個自我風格
強烈的顏色在這裡交織出高級飯店的華貴質
感，特別是黃銅金屬色只以勾邊、局部方式
表現，卻讓人無比驚豔，令空間精緻、沉穩、
而摩登。圖片提供 © 理絲設計

- 細節 - 客廁不具備洗浴功能，在沒有大量水氣
干擾下，才能放心使用金屬零件與不防水的裝
飾型吊燈，確保設備壽命與居住者的使用安全。

162

163

進化版工業風，環繞全室的內嵌天花軌道燈

在上大學的兒子期盼下，男孩房跳脫出全室裝潢調性、以工業風為規劃主軸，設計師加入現代元素加以平衡，令其融合成觸感與細節更舒適的進化版 loft style。臥房擁有睡寢區、書房與衣櫃等機能，對外窗延伸一整道側牆，使用黑色百葉窗彈性調節亮度；軌道燈環繞全室、作為主要室內照明。圖片提供 © 理絲設計

- 細節 - 為了讓工業風呈現不過於粗獷，設計師將天花軌道內嵌，拉平高低差，使其就像是一個大型活動燈具，做出讓兩代人都能接受的輕工業面貌。

164

LED 燈條用底部光源完成慵懶、安全的廳區照明

屋主平時工作繁忙壓力大，主要活動的廳區空間便以清淺白色打底、手刷感石灰色面作大面積空間設色，僅以藍色櫃體作視覺主牆，打造簡約俐落的現代風格。地壁接縫處的光帶透露隱約不刺眼的光源，即使是晚上想放鬆時、毋需開啟上方軌道燈就能在慵懶暈黃的燈光下安全走動，自在聽音樂看電影、享受私人時光。圖片提供 © 方構制作空間設計

- 細節 - 底部的光帶由 1 公分的 LED 燈條所連結而成，其纖細、延續不間斷特性，解決傳統燈管管徑較粗、銜接處易有斷光等問題。

165

浴廁獨立迴路壁燈當小夜燈，使用更彈性

主臥衛浴以防滑黑色板岩地面搭配大理石風格鐵道壁磚，深、淺藍色作立面設色，為空間帶來俐落清爽風格，乾濕分離搭配地壁紋路，方便清潔與保持視覺潔淨感。室內照明除了天花採光外，還在洗手檯鏡面上方加裝圓形壁燈，加強局部照明。圖片提供 © 理絲設計

- 細節 - 將主要照明與壁燈的開關迴路分開，方便使用者視明暗程度自行調整所需亮度，例如半夜可能只需打開壁燈當小夜燈即可。

166

用壁燈劃出一方餐廚區的閱讀賞景角落

沿用原本建築具備的無隔牆緊鄰大窗優勢，開放式餐廚區除了使用清透簡約的透明吊燈照明外，本身條件就擁有充足自然光源與優越視野，為了充分發揮這點，設計師更在角落規劃設置壁燈、隱形區隔出一個休憩閱讀空間，提升住家機能與坪效。圖片提供 © 方構制作空間設計

- 細節 - 為了保持餐廚區原有樓高，設計師上不封板、僅利用與玄關呼應的沖孔板打底，修飾建築大樑。沖孔板上頭有兩種大小不一的圓孔、以不規則圖案呈現，令視覺變化不呆板。

機能作用

內嵌木結構燈帶成為精品衣飾專屬打光

更衣間選用溫潤的木質建材打造而成，劃分為梳妝台、精品玻璃展示櫃、與衣物吊掛抽屜區。用上方兩層的內嵌 LED 燈帶與櫃內層板燈打亮衣飾精品，中央投射嵌燈則照亮搭配衣物的屋主。後方面對工作陽台開窗可利用百葉簾調節光源與視覺穿透與否。圖片提供 © 工一設計

- **細節** -L 型燈帶需先將層板打出 1 公分凹槽，再由兩條燈帶組接而成，令線型燈條與木結構齊平，這樣由下往上看時只會看到內嵌光帶，細膩細節呼應精品宅主題。

168

鏡面嵌燈天花，延伸走道視覺高度與寬度

廳區延伸書房、更衣間走道鄰近廚房處設有拉門彈性開闔，走道靠牆側設置不鏽鋼酒櫃與展示收納櫃體，寬度有限、約 90 公分左右。為了減輕此處的緊窄視覺與不良採光，除了書房採開放設計共享光源外，天花鋪貼鏡面用反射影像放大尺度，搭配內嵌嵌燈為主要照明，加上不鏽鋼酒櫃上方的局部流明天花補充光源，成功減少走道陰暗、壓迫感，延伸視線高度與寬度。圖片提供 © 工一設計

- **細節** - 將屋主收藏的酒當成展示品，打造視覺穿透的不鏽鋼酒櫃，背牆鋪貼黑鏡襯底拉闊深度與精緻感，使用不會發熱的 LED 燈搭配壓克力板打造上方的流明天花，提供均勻照度的光源。

169

主臥衛浴如玻璃燈箱，流線布簾調節明暗

寢區與盥洗空間經由玻璃與流線布簾為中間界質，當成視覺穿透與否的內外分野，打破實牆、延伸出來與木地板連接的磁磚地坪，模糊場域區隔，暗喻空間、光源的共享。主臥衛浴機能區塊皆有嵌燈點亮，間接光營造情境、為局部補光，漣漪天花造型在這裡也能看到，為簡潔、無色彩畫面帶來一絲柔軟，呼應全室設計概念。圖片提供 © 工一設計

- **細節** - 放鬆的睡寢空間加大柔軟織品比重，以微透漸層的流線布簾作彈性空間分界，方便使用者在生活中隨心所欲調整視覺穿透、明暗，豐富空間層次。

170

華貴廳區透過多種燈光迴路調節明暗

走進大門，穿越黑色鍍鈦金屬板與石材、木質組成的深色玄關，進入寬敞大器的開放式廳區，藉著由深至淺的設色對比，達到拉闊空間的視覺效果。客廳天花以嵌燈主照明，照亮空間每個角落，藏於天花週圍縫隙中的間接光則可營造放鬆氛圍。沙發後側鐵隔屏中預留收納展示層板，與邊几檯燈一樣皆可做為此區輔助照明使用。圖片提供 © 工一設計

- 細節 -7mm 的 LED 燈條嵌覆隱藏於層板後側，除了襯托展品，更凸顯出大理石背牆的獨特紋理。客廳嵌燈全開其實通常會過度明亮、刺眼，因此安排多種情境迴路，因應需求、選擇最佳亮度。

171

開放廳區優先滿足局部照明機能

陪伴孩子成長的住家場域簡潔面貌中暗藏貼心細節與活潑配色。大面積留白的廳區天花與壁面，襯托象徵海洋的深藍色手感磐多魔地坪。玄關的投射嵌燈、電視牆面的垂直間接照明，優先滿足局部機能需求，另外，運用整合於冷氣出風口的嵌燈為其餘較暗角落補足光源。圖片提供 © 工一設計

- 細節 - 無框型出風口與嵌燈結合時，確定好照明位置後會預留燈座孔洞，尺寸需精準才能完美吻合不留縫隙。無接縫的磐多魔地坪質地較硬、耐磨，傢具移動不易留痕跡，適合居家使用。

機能作用

172

172

用燈帶加強局部盥洗照明機能

客浴運用石材紋理鋪覆地坪與壁面，呼應全室沉穩大器主題，營造華貴尊榮氛圍。這裡利用嵌燈打亮全室，另在盥洗鏡面、淋浴區牆壁上緣加裝光帶，強化局部機能場域所需照明。淋浴區光源使用 T5 燈管，裝設於天花 L 型溝縫中，避免燈管直接被打濕。圖片提供 ⓒ 工一設計

- **細節** - 盥洗鏡為下圓弧造型，設計師選用 LED 可彎曲燈帶貼覆 U 型背面部分，來自側邊光源打出最適當的照明效果，此外，外頭加蓋壓克力罩避免光源直射眼睛過於刺眼。

173

隨餐廚機能過渡，彈性使用不同照明

一樓由大門動線往內分別為餐廳、中島、廚房，三個空間隨著硬體與需求不同而有著各異的照明規劃。餐廳多聚在餐桌用餐，使用高度降低，設計師以精緻可愛的金色玻璃球燈作主要照明；中島對亮度要求不高，則採用壁燈為主；廚房選用兩組三連式盒燈搭配小嵌燈，令工作區域擁有足夠亮度。圖片提供 ⓒ 理絲設計

- **細節** - 廚房挑高 4 米 2，從燈具照到工作平台距離比一般空間稍遠，因此，此處的燈泡亮度經特別挑選、亮度較高。

174

活用局部照明燈具，打造不過亮的放鬆生活

放鬆為主的住家場域，以軌道燈作為開放式客餐廳空間的大範圍照明，不同機能區塊選擇吊燈、立燈與壁燈作局部補強光源。利用鏡面包覆中央大樑，減輕壓迫，灰、白與木色交織出低調無壓的生活畫面。圖片提供 ⓒ 方構制作空間設計

- **細節** - 天花壁面漆白、包覆橫樑的明鏡，運用反射、放大照明效果的顏色與建材，讓屋主在放鬆時，只要打開局部燈具即可得到滿足基本需求的光源。

173

174

175

流明天花照亮黑鐵壁板，小畫家的專屬藝廊

為了滿足家中孩子塗鴉、作畫的喜好，小孩房側採用一整面的隱藏門片，除了保障隱私、減少雜亂空間線條外，平整黑鐵貼覆表面，令這裡也是小朋友的自由彩繪、張貼照片的專屬藝術畫廊！上方採用亮度能夠均勻灑落的流明天花作主要照明，為小小藝術家準備好充足明亮的作畫空間。圖片提供 © 工一設計

- **細節** - 流明天花以 T5 燈管與壓克力板組構而成，色溫 3000K 讓沒有對外窗的狹長通道也與家中其他場域一樣、擁有同樣充足照明。

176

沉穩黑更衣間，鏡面光帶方便穿搭

從男主人的黑色衣物汲取靈感，主臥透過地坪、材質的變化，隱性區隔寢區與更衣空間。天花拉齊橫樑下緣，爭取平整簡潔畫面，同時與地、壁皆選用黑色磐多魔，無接縫表面與手感紋理，在天花嵌燈與間接照明燈光下與櫃體、房門連成一氣，為空間帶來都會陽剛的沉穩簡潔面貌。圖片提供 © 工一設計

- **細節** - 更衣室內以木材質打造收納層架，穿插黑色衣物與空間輪廓，呈現凸顯視覺效果；門邊穿衣鏡內嵌 1 公分 LED 直立燈帶，為穿搭時帶來充足照明。

177+178

專屬客製燈具契合居家需求

設計師為了中和案例中裸天花的樸素與樑柱的銳利，選擇用客製的吸頂木燈作為空間主視覺，客製的下照式的木燈，造型流線有機，並以布作為遮罩而非玻璃，讓透出的光線更柔和不刺眼；或者同樣以客製的鐵件吊燈作為主要照明，讓這 2 區擁有明確的聚集光源；另外在靠近地板處設置嵌燈，作為動線引導功能，也讓整個室內空間燈具形式更精簡。圖片提供 © 工一設計

- **細節** - 設計師規劃時將屋主需求與風格一次設計到位，達到兼具室內照明系統被滿足，光影效果又更勝買市售燈具。

177

178

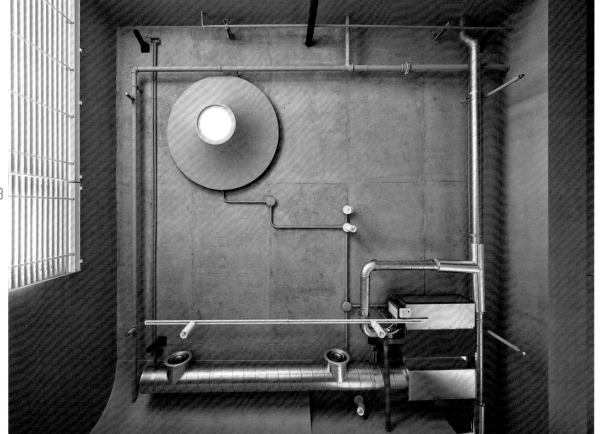

179

圓型主燈點亮用餐區與走道

餐廳位於住家過道中心，特別選用最不妨礙動線的圓形餐桌，搭配大盞的圓形吊燈呼應，確保光源足以照亮餐桌、延伸綠色中島、過道區域。餐桌白色背牆以馬來漆手法展現，作為光暈襯底色，設計師在這個局部牆面貼上片狀 LED 燈，多彩變化令小朋友能產生與空間的趣味互動。圖片提供 © 工一設計

- 細節 - 三角型片狀 LED 燈可以隨性拼組成想要的圖案與大小，可以配合音樂節奏產生彩色燈光變化，是設計師為小朋友專門準備的秘密趣味設計。

180

睡前使用手機福音！不擾人單側壁燈照明

為了滿足男主人在睡前的使用手機習慣，設計師在他睡覺一側規劃固定於床頭板的壁燈，同時將開關設於隨手能及之處、方便操作。由於壁燈燈光是打在牆面，屬於間接光性質，照明效果相對柔和、降低對枕邊人作息的影響程度，滿足各自需求。圖片提供 © 工一設計

- 細節 - 選擇壁燈而非檯燈是因為檯燈光源來自側邊，照射方向沒調好、容易影響太太，或得歪斜著、側身使用手機，壁燈直接設置於頭的正後上方便可以解決這些問題。

181

鋁擠型線燈藏床板暈染溫和睡寢照明

孝親房以木質調為主，鋪陳溫暖舒適的休憩氛圍。由於長輩是偶爾來暫住，為防落塵，特別運用摺門方式將梳妝台藏於衣櫃當中，作為彈性機能使用。這裡亮度需求不高，以不直射眼睛的床頭光帶作主要情境照明，配合天花角落嵌燈點綴，完成睡寢空間的照明規劃。圖片提供 © 工一設計

- 細節 - 設計師加厚背板，妥善內嵌床板後方鋁擠型線燈。床頭板為全室大面積使用的霧灰磁磚，用主要建材點綴機能場域，達到呼應、串聯目的。

182
燈帶減輕實牆壓迫，照亮貓咪樂園

位於客廳沙發後側的長方型獨立書房，同樣與公領域使用磁磚、鐵件、不鏽鋼鋪陳空間畫面，構築理性閱讀、辦公氛圍。單側開窗令小空間不顯逼仄，透過風琴簾調控自然光源；天花照明於兩長邊裝設 LED 光帶作為主要光源，同時模糊天花、壁面界線，減輕封閉實牆帶來的壓迫視覺。圖片提供 © 工一設計

- 細節 - 書房其實也是家中寶貝貓咪的小小樂園，除了內嵌牆面的 0.5 公分鐵件跳台外，不鏽鋼其實有部分是中空假樑作為「貓走道」，毛小孩隨時能鑽進鑽出探險。LED 燈管的不過熱特性，貼近金屬面也毋須擔心安全問題。

機能作用

183

183

簡潔！燈光一併收進化妝櫃

為提升主臥室生活機能，設計師在床尾區把電視牆與化妝台區整合為一。首先，以淺色木飾板裝飾牆面，再利用木作平台設計有電器與小物收納等多用途抽屜桌櫃，而電視牆左區則做為化妝桌。為了避免突兀，化妝區的薄型鏡櫃採用無把手設計，延續電視牆外觀的整體性，打開櫃門則有鏡面與層架可收納化妝品。圖片提供 ⓒ 森境＋王俊宏設計

- 細節 - 為了滿足化妝需求，在鏡櫃內設有明亮燈光，將化妝所需的燈光機能全收進櫃內，如此在不使用化妝區時只要關上櫃門則可恢復電視牆的完整性。

184

運用層板燈源，沉浸於明亮的閱讀氛圍

書房區乘載著夫妻二人的休閒嗜好，有可收藏大量 CD 的櫃體，也特別設計屜抽容納各式各樣的陶笛收藏。櫃體的中間嵌入了層板燈做為情境燈，一方面能作為展示平檯機能使用，另一方面搭配木質、白為基調的傢具，呈現出獨特暖和的情境風格。圖片提供 ⓒ 拾隅空間設計

- 細節 - 將光源藏在層板後方，見光不見燈，搭配櫃體精簡設計，讓視覺觀感能夠簡潔俐落，體現在細節上的絲毫不馬虎。

184

185

天光浸潤的寧謐樓梯間

在通往斜屋頂閣樓的樓梯間，由於格局寬敞且擁有屋頂天窗的光源，使樓梯間變成室內天井，享有輕暖明亮的自然光；而為了凸顯光源特別選擇以黑玻護欄搭配穿透階面，呈現現代俐落的氛圍。夜裡則以周邊牆面與階面光源補強以增加安全性與舒適性。圖片提供 ⓒ 森境＋王俊宏設計

- 細節 - 由於樓梯間位於房間區內，與客餐廳等公共區有完整區隔，因此，將樓梯下方畸零空間規劃作小孩的圖書與轉角遊戲區，自備燈光的書櫃也更方便取閱。

185

186

186

借助櫃體光源，創造出具光感梯間設計

設計者在一樓通往二樓的階梯處，製造了一面開放形式的展示櫃，並在櫃體中納入照明，當照明被點亮，除了襯托展示物、蒐藏品外，也成功借助櫃體的光源，創造出具光感的梯間設計。由於階梯上運用了不同的材質，經過照明的點亮後，材質細節表露無遺。圖片提供 © 近境制作

-**細節**- 光源經過層板立面、再到投延展到梯間，營造出水平、垂直交錯的光影畫面。

187

普照式光源讓夾層區更舒適

由於是挑高夾層空間，在燈光安排上有別於一般單層空間，如一樓選擇以嵌入式燈光作多點照明，讓光源更均勻；二樓則採用床頭壁燈及間接光源來提供各區照度，至於在客廳挑高區雖選用垂墜式吊燈，但除可提供空間不同的線條美感，此吊燈主要還是供給中島燈光，至於客廳則以立燈作為輔助照明。圖片提供 ⓒ 和和設計

- 細節 - 由於是 15 坪的小空間，加上室內僅單向採光，因此，在無採光的玄關、餐區及臥室等區域均建議以間接光源來營造柔和而明亮的空間感。

188

鏡面注入光源，有效提亮明度

此衛浴空間較特別的是在洗臉槽上放入一大圓鏡，而鏡外再用光帶做包覆，提供重要光源也帶來不一樣的視覺意象。光線的注入對於鏡子使用上也具加分效果，而鏡面旁的光源會讓整體鏡面的亮度提高，較不容易在臉上產生陰影，對於浴室的鏡子來說是重要的，同時也提亮了整體空間的明度。圖片提供 ⓒ 近境制作

- 細節 - 為了增添衛浴間的氛圍，設計者選以添入黃光，藉由柔黃光線替整體帶來一絲溫暖。

189+190

重視光源細節，滿足小空間的光影變化

首先，設計師利用天花板既有的高低差，劃設客廳與廚房的區域性，客廳因為是長時間停留看電影、看書的區域，需要較亮的照明，因此配置多盞方格燈達到屋主需求；廚房與飯廳區，則是用少量的方格燈與投射燈相互搭配，作出局部照明的效果；另客廳燈泡瓦數皆為 18 瓦，廚房則是 6 瓦與 18 瓦皆有使用，因此即便整個空間的燈源都打開，還是有光影層次。圖片提供 ⓒ 奇拓設計

- 細節 - 方格燈的照射角度分為 25、40 與 60 度，本案選用 40 度，使光源照射範圍適中，不會過於狹窄或寬廣。

機能作用

191+192
善用間接照明的柔和特性

客廳上方的凹槽用來配置嵌燈，人多時，可以開啟作為間接照明，讓光均勻從天花板反射，散發到整個空間，照射範圍也會均勻廣泛，光源也不會像直接照明一樣刺眼。再者，設計師搭配裝飾性的燈具，像小孩房的壁燈、廁所的壁燈，皆是作為觀賞使用居多，雖為氣氛營造，卻有承襲國外常見的間接照明習慣。圖片提供 © KC Design Studio 均漢設計

- 細節 - 設計師將燈管藏在衣架後方，讓屋主的收藏品不只是放置在更衣間，更是透過光的反射效果，營造出收藏包的高級感。

193
直照 X 間照混搭配置，創造光影層次

好的照明手法更讓空間畫面具有協調性，本案在餐桌上配置小型吊燈作為主要直接照明，那麼周圍建議使用另一種光源輔助動線照明，避免光源相互干擾，利用善用燈槽設計或以燈罩遮住光體，將光源導向壁面或天花板投射，讓經反射的光源漫散於空間，有助於形成柔和不搶眼的照明氛圍。另外要留意的是，沒有哪一種照明手法絕對最好，而是要視整體格局尺度與樓高比例，再決定要如何分配直照與間照的比例，滿足最舒適的生活需求。圖片提供 ©KC Design Studio 均漢設計

- 細節 - 掌握需要重點照明的區域，再以造型簡潔的燈具搭配小嵌燈，讓空間視覺感清爽不複雜。

193

194

194
投射燈光下的展牆式入口

住宅位於建築物三樓，自下層中央的垂直梯間拾級而上，上三樓前的轉折梯段平台，便有一面鋼製牛油果綠展櫃由梯間轉台向上延伸至頂端，格狀鋼架、擴張網與鏡面的結合，透過鏡面的反射將對牆與窗外框景無限延伸，形成一個無邊際的開放視覺情境，並建構了可提供屋主擺放公仔與模型收藏的展示空間，結合時尚植栽，投射與懸吊的照明，打造出在家宅入口的一個誠摯邀請，踏入屬於年輕、活力、崇尚自然的生活場域。圖片提供 © 竹工凡木設計研究室

- **細節 -** 在擁有大面對外窗的餐廚空間，透過精準的照明設計，一方面援引外部光源，同時設置主燈專注於使用需求，便可創造出迥然不同的空間情境。

機能作用

195

點線面合體的燈光空間界定

電視牆的兩側規劃開口做出暢通路線，讓視線可延伸至後方場域，同時也化解石材的沉重壓迫感，搭配深色木皮的妝點，呈現建材上的冷暖平衡。雕刻白的大理石材上方，利用嵌燈投射配置排成一列，與石材牆面形成空間界定，同時也讓石材產生著光效果，更能凸顯石材自然紋理的精緻質感，大面主牆因線條的脫俗與渲染流動效果，空間不僅氣派磅礡，同時顯現出唯美雅致。圖片提供 © 竹村空間設計

- 細節 - 利用色溫 4000K 的嵌燈呈現雕刻白大理石材質最自然的藝術氣質，並且嵌燈巧妙的排列創造點線面的平面基礎，成為空間界定的隱形牆面機能。

196

多形式間接光豐富燈光表情

受外圍環境採光限制，公領域特別需要開放格局，使光線延伸至室內，因此客廳的半高電視牆，兼具書桌功能，使得空間利用最大化。客廳中間使用了 Ar111 嵌燈，聚焦在大茶几區域，周邊則是利用小嵌燈，投射在鋼刷木皮牆面和仿水泥地磚上；書架展示櫃透過間接光營造氛圍，窗簾旁邊也有安排 LED 長條燈設置間接光，最後搭配沙發的立燈，整個空間充滿豐富的燈光表情。圖片提供 © 竹村空間設計

- 細節 - 在無法獲得良好的自然採光條件之下，必須側重人工光源，加上客廳主要材質為木皮與仿水泥地磚，透過局部天然石材與黑玻材質光澤，而有光影反射的效果。

197

流明天花板燈均勻照亮空間

為了仿效充沛天光，在家裡營造大面積照明，提升位在格局中段或後段的區域明亮度，餐廳或廚房使用流明天花板燈是常見的手法。廚房採取香檳色立面，以及德國精品廚具 bulthaup，營造高雅輕透的烹調氣氛，加上流明天花板燈使用的是夾紗玻璃，不會透出燈管，又能讓光線更加均勻散佈，搭配立燈裝飾，也讓廚房空間增添品味質感。圖片提供 © 竹村空間設計

- 細節 - 由於廚房著重在工作用途，流明天花板燈使用色溫 6000K 演色性高的光源，以因應工作所需，提供足夠的亮度，無論照明、美觀相得益彰。

198

反光材質與燈光放大空間

衛浴刻意採用黑色大理石材鋪陳牆面語彙，櫻桃黑大理石牆面搭配黑白根雲石洗臉台和浴缸，相對其他牆面與地板皆為淺色調，反而創造出主題牆效果，同時不會讓人對於深色空間感受幽閉壓迫，因此以投射燈為主的照明規劃上，燈泡色溫選擇偏暖黃光感，使得空間不顯得那麼冷調，動線上保持均衡光線的比例，確保衛浴使用的安全細節。圖片提供 © 竹村空間設計

- **細節** - 衛浴主照明僅依靠投射燈，利用浴鏡鏡面玻璃的反光折射效果，加上天然石材光滑面輔助之下，不僅造成石材紋理光影變化，也將空間感放大。

199

磁吸燈具照度均勻、方便維修

將原始封閉的書房隔間拆除，好讓大面落地窗光線也能灑落至此，由於書房剛好位於大樑下，天花板並無多餘空間能安裝嵌燈，因而利用磁吸式燈具提供書房主要照明，且磁吸燈又具有照度均勻、方便維修的優點。圖片提供 © 禾光室內裝修設計

- **細節** - 天花與壁面利用交錯的線條貫穿，黑色格線內嵌磁吸燈具，一方面也連結至廊道骨牌設計的立面收納櫃產生呼應。

200

可調整光源燈具，讓空間更靈活

公共廳區利用木質紋理牆面的連貫一致，串聯出流暢的生活動線，灰、木紋基調為主的空間，餐桌吊燈特別搭配現代俐落的 Multi-Lite，燈罩可翻轉設計，除了能變換燈體造型之外，也可以靈活的調整光源的照射角度，也藉由獨特的形體，成為畫龍點睛的視覺焦點。圖片提供 © 禾光室內裝修設計

- **細節** - 不僅僅是餐桌吊燈，包括客廳與書房之間同樣選擇可旋轉的經典 GRAS N° 214 升降懸臂壁燈，兩款皆為簡約洗鍊款式，彼此相得益彰。

機能作用

201

因應大尺寸餐桌的翻轉式燈罩

淺木紋由玄關延續鋪陳至餐廳區域，並特別挑選色彩強烈的藍色為背景，讓展示屋主兩人收藏的杯盤，成為餐廳最美麗的端景，同時因應餐桌尺寸較大的關係，選擇配置可 360 度翻轉設計的燈罩，讓屋主可根據需求決定光源投射的位置，而也因為轉動式功能，單一燈具可作為下照與間照功能，更充滿多變的機能性。圖片提供 © 禾光室內裝修設計

- **細節** - 由於此處已搭配搶眼的藍色壁面，燈罩便配置大地色調，平衡緩和空間彩度。

202

豐富光源，滿足多元可變動的空間需求

作為一個結合多元使用，包含呼朋引伴的聚會場所與個人生活區域雙重使用需求的住宅，設計團隊以開放式空間思考，在客廳與起居室之間，以室內開孔的形式連結兩者，一方面創造通透的場域質感，同時藉由窗台設計構築如同吧檯、餐桌般的對話區塊，再結合木質檯面、延伸的窗框與垂吊燈光設計，創造如同在「屋簷」下談天、品茗、交誼的溫馨空間。圖片提供 © 竹工凡木設計研究室

- **細節** - 面對多樣化的空間使用模式，透過複合式思維與可調整的裝置，以桌檯、燈飾與可開闔的推拉窗，讓變動中介的思維滿足公共場域中的各樣需求。

202

203

藏入反間接照明，讓空間放大效果倍增

客廳窗邊的臥榻為室內、外做連結，兼具收納與座位的作用，臥榻延伸至落地窗，並且順勢下降與陽台水平，白晝時能一覽無遺室外的風光。天花與牆邊的嵌燈及反間接光源，交互投射在淺色基調的客廳空間中，也讓空間感被拉高與放大，與餐廚區融合為一片，相互交映。圖片提供 © 拾隅空間設計

- **細節** - 客廳中間大樑，設計師以弧形包覆的方式增加圓融的設計感，並且留了約 15 公分的間細，藏入反間接照明的 LED T5 燈管光帶圓形嵌燈選用弧形縮口燈具及 COB 光源提升演色性與光域更加地柔和。

203

204

205

206

204

間接照明保持空間的個性美

衛浴以黑色、白色作為牆面主體，並採間接照明的模式，保持空間照明的層次。左邊櫃子鏡面藏 T5 燈管，也將衛浴中所需的各種收納隱藏在大理石花紋之下，透過燈管投射，讓空間展現現代感又不失華麗的氛圍；而燈光與整片的鏡子中反映石材的紋路，身在其中宛如 SPA 般的高級享受。淋浴間上方天花板則是裝上一盞嵌燈，作為主要燈源。圖片提供 © 拾隅空間設計

- **細節** - 想要呈現完美的化妝效果，照度與光線角度都很重要，例如將光源安裝在鏡子兩側，T5 的三基色螢光燈和 LED 燈都是很好的選擇。

205+206

燈帶減輕空間厚實感

進入私領域的收納書牆，成為安定公領域偌大空間的介面，且要延續初始的景色命題，因此置入了與化妝桌合而為一的造型床頭櫃，並且讓床鋪面向對外的大窗景。臥房天花有約 15 公分的高低差，因此設計為弧狀內凹的方式，添加嵌燈作為輔助空間的照明來源，也形塑暖黃色色溫 3000K 的光帶，巧妙地輕化空間重量感的效果。圖片提供 © 拾隅空間設計

- **細節** - 利用床頭櫃缺口賦予放置物品的功能，並往後延伸出化妝櫃及更衣間；床頭櫃的兩方另外加上燈條，作為床頭閱讀燈的輔助。

機能作用

207

多機能的照明滿足多元空間

玄關與置物櫃皆設有內嵌感應式照明，方便使用者拿取物品。夜間，櫃體設置的隱藏式照明除可凸顯櫃體、增加懸浮效果；也因為多了自動感應的機能，還能發揮夜燈的作用。圖片提供 © TBDC 台北基礎設計中心

- **細節** - 由於餐桌也是屋主工作或閱讀的地方，故於此配置檯燈並預設接線位置。

208

爐火也可以是一種照明

位於山上度假用的住宅，客廳擁有大片落地窗，能將白天的陽光與夜晚的月光樹景攬進室內，因此不需要太多人工的照明。設計師捨棄一般住宅常見主燈加天花板做間接照明的方式，特別改以爐火做為主要照明，一方面可以呈現度假放鬆的氛圍，另一方面也能為屋內降低濕度。圖片提供 © 沈志忠聯合設計

- **細節** - 搭配局部重點式嵌燈及沙發區立燈，展現空間規律層次。

209

實用與美感兼備的鄉村風餐廳照明

選用古典韻味的餐桌吊燈來營造視覺聚焦點，設計師在天花板的造型木樑上巧妙配置了上照式的間接燈光，搭配空間的造型讓屋高成功地被拉升，化解二側壓樑的問題，同時讓燈光更具有層次感。圖片提供 © 摩登雅舍室內裝修

- **細節** - 牆面壁龕與壁櫃中，設計師也細心地安排點綴式燈光，充分地展現出鄉村風格的溫潤調性。

210+211
皮質吊燈作為間接照明打亮床頭

臥房以大片灰藍色作為基底,空間內裡除了床鋪,還擺置一處書桌。運用天花板上方的嵌燈來照射全室,作為臥房的主要光線來源;書桌區域裝置了洗牆燈,在牆面上方設計光線向下照射,使燈光能均勻照亮書桌牆面,提供文書需求;床頭旁設置皮質的吊燈,間接打亮床頭,方便夜間照明也讓整個空間產生層次感。圖片提供 ⓒ 拾隅空間設計

- 細節 - 洗牆燈泛指用在投射在牆面的光源,牆面會形塑出光暈漸層的效果,除了用在建築外觀打光或是招牌照明,也成為很多室內設計所運用的光源之一。

機能作用

212

能控制光線又能保隱私的好設計

客廳的左側過道區右邊是落地窗，自然光可投
射進室內。設計師選用可自然調整遮光位置的
風琴簾，並且增設一個可自由移動的灰色屏
風，讓屋主自行控制光線的變化，亦可以保有
隱私。圖片提供 © 沈志忠聯合設計

- 細節 - 左邊木格柵的背後是通道，地板和天花
的小嵌燈營造木格柵的光影變化，不但可以讓
木紋理更明顯，還能當作指引燈。

213

格子桌燈有趣 法國立燈經典

一樓的住家有來自戶外的光源，捨棄設置主
燈，而以嵌燈及裝設在天花板裡的間接照明作
為光源。白天無需開燈時，可以充當 coffee
table 的 canta&cole 格子桌燈好似與主人大
玩光線遊戲。圖片提供 © 奇逸空間設計

- 細節 - 沙發則有法國精品 ligne roset 的 BUL
落地燈，提供閱讀時所需的明亮。

214

粗獷工業風居家的實用照明

工業風的居家中，天花不做任何修飾，整體空
間呈現粗獷有味的質感，照明設施因而以簡
單大方為主，於橫樑處設置向上打光的間接
照明，一方面凸顯水泥與裸露管線的原始感，
同時也提供了基本的均質光。圖片提供 © 無
有建築設計

- 細節 - 各區塊的光線需求則有吊燈等局部照明
輔助，看似簡單卻能滿足所有照明需求。

215

吊櫃燈帶結合功能與美學

廚房緊鄰餐廳與開放式方形浴池，雖位處開放式的公共區塊內，但受限於空間使用上的專業需求，需要大量收納用壁櫥與廚房家電安置的區域，故在設計上以半開放式設計將廚房與外部廊道隔開，除了可以藉由隔間牆面增加收納空間的設置，亦避免下廚時產生的氣味快速在開放的場域內飄散。懸吊壁櫥下方特別設置長向燈帶，讓下廚時也能有充足光源，從細微處讓功能與美學完美結合。圖片提供 © 竹工凡木設計研究室

- 細節 - 廚房以半開放式的規劃，在保有機能使用之餘也能兼顧通透性，光源隱藏於懸吊壁櫃下方，以燈帶的形式呈現，增添空間的優雅與美感。

216

為餐廚空間打造清爽照明

烹飪時難免有油煙，因此易於清潔也是開放式餐廚照明設置的重點，所以設計師在此設置的光照設施以平面型為主，洗槽上方的吊櫃底端有光帶，因應清潔需求。圖片提供 © 相即設計

- 細節 - 中島吧檯相當靠近烹飪區，所以也捨棄了常見的吊燈，改採簡易嵌燈，以避免油煙汙染，是相當貼心的考量。

217

善用陽台燈成為居家外觀的裝置藝術間

陽台作為居家的戶外延伸，經過設計與燈光規劃，就能營造不同於室內的美好。此案客廳的臥榻延伸至落地窗，順勢下降與陽台水平，盛接了城市河岸的風情，擺放幾張高腳椅與窄吧桌，並設置多個防水地燈，就能將天際的無垠與城市的流動盡收眼底，可以享受一個人的靜謐夜景，也或是好友們相聚的時光。圖片提供 © 拾隅空間設計

- 細節 - 架高的木棧板下安置地燈燈條，透過光影突顯出木板的線條，形塑空間個性，並成為不同於室內的亮眼景致。

機能作用

218

造型流明天花提供靈活照明

開放式餐廚空間，用餐區以中空板來打造大片的流明天花。整個造型天花就是大型燈具；彷若風車狀的不對稱切割，邊框鑲嵌了數盞 LED 燈。流明天花能提供均質的白光，邊框鑲的 LED 燈則為局部打亮的聚焦光源。圖片提供 © 大雄設計

- 細節 - 流明天花與 LED 燈兩者可彈性地進行切換，視狀況來單用或搭配使用。

219

一種燈具的多種可能

義大利設計的 90 公分 Talo 單燈管通常應用於書房與辦公室，但燈具的配搭應該是靈活而彈性的，不應被原有的機能設計所侷限，尋找真正符合需求的使用模式才是正道。設計師因應屋主需求調整安裝方式，將燈具化身為柔和的間接光源。圖片提供 © 德力設計

- 細節 - 除了單燈管之外，天花亦規劃間接照明，賦予空間照明層次效果。

220

三重照明，滿足對光線的強烈需求

由於屋主喜歡光線充滿室內的感覺，但如此一來，有時難免顯得刺眼，尤其是需要放鬆的用餐區與客廳，太強的光線將令人不適，因此，設計師設置了間接照明、嵌燈與餐桌吊燈及客廳立燈，既能滿足對光線的強烈需求，又能於需要放鬆的時刻調整光量。圖片提供 © 甘納空間設計

- 細節 - 不同的照明配置，暈染出來的光源亮度有所差異，也能讓空間氛圍更豐富。

221

222

223

221

多種燈具滿足多元機能的空間

「餐桌＝工作桌＝書桌」的安排，以及將走道融入餐廳的設計，把餐廳變成多元機能的空間。 在擁有展示目的的書櫃背景牆前端，分兩區嵌入四盞嵌燈，選擇書籍時可提供充足光線，也可做為走道；另一側的展示背牆，在素淨的牆面搭配投射燈，讓掛畫成為主角。圖片提供 © FUGE 馥閣設計

- **細節** - 餐桌上的吊燈選用可調整光線明暗及照明範圍的燈具，適應閱讀與用餐兩種不同需求的照度。

222

善用軌道燈靈活燈光位置

居家不做天花覆蓋樑柱與管線位置，而是藉由大量 C 型鋼連結整個空間作為燈槽使用，再鎖上幾盞軌道燈，提供照明，也方便隨傢具移動或喜好調整燈光位置；餐桌上方吊掛兩盞屋主自行購入的工業風格吊燈，共同打造出略代復古質感的美式風格居。 圖片提供 © 懷特室內設計

- **細節** - 軌道燈部分功用也是提供料理工作區足夠的照明，而不同的吊燈造型則為空間帶來活潑感。

223

用餐與閱讀共構區塊的雙重光源

用餐區與閱讀區共用同一空間範圍，兩種活動可以共用部分光源，但有時也各自需要不同的光感，因此，設置了兩種不同的光源，書櫃區的軌道燈光線均質而形式低調，讓人能靜心選書，餐桌兼書桌則設置俐落的造型吊燈，有助於集中精神。圖片提供 © 甘納空間設計

- **細節** - 因應書桌比例挑選燈罩較大的吊燈款式，一方面暈染出來的光源角度也較大。

機能作用

224

細膩設置的衛浴光源設計

衛浴空間首重安全與機能，因此除了嵌燈作為全室照明外，面盆上另設置投射燈，面盆下亦配有 T5 燈管間接洗地，讓盥洗區有足夠的明亮。淋浴區與走道則基於安全考量，分別以嵌燈以及走道壁燈作為輔助照明，大大降低因視線不清而發生意外的可能性。圖片提供 © 珥本設計

- 細節 - 走道壁燈約離地約 15 ～ 20 公分左右，映照在地上的光源自然形成動線的引導。

225

以局部照明取代頂燈，環保又實用

顛覆居家空間常見的以頂燈為主燈的思考模式，設計師在居家空間中改採多重設置局部光源的照明模式，讓空間個區塊只在必要時才出現亮度，整體空間也不致有刺眼感，既隨時滿足需求，又兼顧環保節能。 圖片提供 © 無有建築設計

- 細節 - 透過現成燈具的安排、擺設，也可以營造出不同層次的間接光源，同時成為風格造型的元素之一。

226

均勻軌道光影，更添溫暖氛圍

由於居住成員僅有夫妻倆，加上屋主曾旅居國外的生活經驗，設計師打破三房格局，透過一大房的配置、大尺寸雙開房門設計，讓廳區採光提升、空間感更形開闊，隨性的傢具擺設之下，客廳並無所謂的電視牆，以藍白相間的主牆，天花主要規劃 2800K 的黃光軌道照明，均勻排列漫射而下的光影，帶來有如歐洲公寓的溫暖氛圍。圖片提供 © 清工業設計

- 細節 - 軌道燈開關採雙切式設計，可根據日夜或氣氛需求調整，未來也能彈性選擇改變投射的角度。

227

228

227

善用照明來定義空間主題

客、餐廳與和室連成一個寬敞空間；透過天花 的燈具與照明來定義各區軸線。餐廳的軌道燈與吊燈界定出中島與餐桌的範疇並帶來溫馨感。電視後方的和室，格柵天花內藏多盞燈，透過木樑麗落的光線顯得更沉穩。圖片提供 © 大雄設計

- 細節 - 客廳沿落地窗打造架高木平台，好讓自然光入室；人工照明則簡化為嵌燈以展現原木本貌，書架前方的兩盞投射燈可補足光度。

228

鏡櫃中美麗的圓形光暈

狹小的衛浴空間中，在收納的鏡櫃中嵌上燈管，再於鏡櫃表面，取一圈鏡面，除去水銀材質，並加以噴砂處理，讓嵌燈的光線可以從其中透出，成為一個環狀光帶，讓空間驚豔。圖片提供 © 演拓室內空間設計

- 細節 - 層板燈內嵌 4 支 3000K 的 T5 燈管，令鏡櫃上下與噴砂圓環處都能展現出充足的照明效果。

229

兼具美感與實用性的壓克力層架

不鏽鋼製成的餐桌於玻璃桌面與桌體中央內嵌 LED 燈，讓光能自然從餐桌透出，別具特色；於餐廳側牆訂製三條厚約 2 公分的長型壓克力板製成簡易層架，並利用材質透光特性，於牆面內嵌 LED 燈，提供屋主蒐藏品展示擺放位置，也能因應使用需求為空間補光，兼具視覺美感與實用功能。圖片提供 © 界陽 & 大司室內設計

- 細節 - 餐廳區域天花另規劃燈帶設計，強化空間的明亮度，也會有拉高高度的錯覺。

230

根據生活需求設定照明種類

主臥室採開放式配置睡寢、衛浴、更衣，照明 規劃便以功能為區分，床頭兩側以溫暖柔和的光線，提供閱讀需求，盥洗檯面則是透過天花格柵灑下的 T5 光線，提供明亮舒適的使用，往左的衣櫃部分則是方便尋找衣物的嵌燈光源。 圖片提供 ©KC Design Studio 均漢設計

- 細節 - 為了讓光線達到良好的通透與折射，衛浴隔間採霧面玻璃材質，同樣顧及私密性。

231

強化明亮與聚焦動線

濃郁的北歐風格住宅，由於屋主偏好充分明亮的生活氛圍，因此設計師特別於天花板內裝設間接燈光，同時因天花造型自客廳一路延伸至後端書房的關係，照明亮度也強化出 L 型天花結構。圖片提供 ©KC Design Studio 均漢設計

- 細節 - 客廳上端的吸頂燈扮演聚焦、引導動線效果，沙發上方嵌燈則是主要的閱讀光線輔助。

232

233

232
多重光源提供端景、用餐需求

將廚房隔間牆予以拆除，與客餐廳形成寬敞開闊的動線配置，並針對不同物件、使用行為規劃光源，例如懸浮櫃體下方藏射線燈，可讓櫃子看起來輕盈許多，牆面裝置則搭配軌道燈具，烘托畫飾質感，另外吧檯嵌燈、餐廳以吊燈設計，滿足基本的光線需求。圖片提供 © a space..design

- **細節** - 為呼應整體北歐風調性，燈具也搭配選用知名的丹麥設計師 Poul Henningsen 的經典PH5 系列，優雅弧線展現細膩唯美的樣貌。

233
大面積流明天花，保持開放空間穿透性

開放式空間中，廚房和餐廳連成一體，並未有明顯區隔，所以設計師在考量照明時，將兩區一併構想，捨棄傳統餐桌上方吊燈，改以大面積流明天花板嵌長燈管為主要照明，可同時照亮廚房及餐廳，並維持整體空間的穿透性。圖片提供 © 杰瑪設計

- **細節** - 流明天花中暗藏 17 根 T5 燈管，選用4000K 色溫，偏白光源照亮餐廚合一的大空間。

機能作用

234

分割軸線創造明暗光影層次

餐廳旁以一面開放展示櫃兼收納,滿足屋主熱愛收藏的嗜好,在平均的寬度間距下,設計師特意讓光線高度間距呈現不同比例,也使得光線自然地形成明、暗層次效果,而餐桌上的吊燈、客廳區域嵌燈則扮演凝聚性的作用,前者帶出料理的美味、後者突顯未來添加的牆面掛畫焦點。圖片提供 ⓒKC Design Studio 均漢設計

- 細節 - 由櫃體線條轉折成為天花的造型正好整合了燈具配置,一方面隱藏大樑的存在性。

235

適應各種生活機能的光源

燈光是生活機能中極重要的一環,在不同的場域,設置不同的燈光,才能夠充分發揮光在居家空間的作用,所以光源的適用性也是設計師考量的重點,在以會客為主的沙發區,採用溫和的壁燈與立燈為主。圖片提供 ⓒ 沈志忠聯合設計

- 細節 - 廊道空間以指向性的嵌燈為主,並在端點打上發散性光源,以達視覺凝具 的效果。

236

運用主燈區隔不同空間用途

一樓客廳窗外有個小庭院,三盞大小不一的吊燈不僅室內看得到,室外也能欣賞到這麼特殊的設計。客廳旁是女主人的書桌與書房,與客廳無明顯區隔,開放式空間保留寬闊感,並用造型特殊的吊燈區分出不同的空間功能。圖片提供 ⓒ 森境 + 王俊宏設計

- 細節 - 順著天花造型延伸的內嵌間接光帶賦予全室基本亮度;而由最低點延伸出的球型鏤空吊燈則維持一致白色,令其輕巧融入空間不顯突兀。

237+238

內嵌 LED 燈帶，引導夜間動線

原始 3 房變更為 1 大房的住家，將走道坪效重新納入使用，開放式餐廚一側的廊道壁面置入內嵌 LED 燈條，並設置感應器，夜間至廚房倒水或行經往洗手間時，便成為安全的動線引導作用。圖片提供 © 清工業設計

- **細節** -LED 燈條貫穿走道，帶來柔和光亮的效果，且使用壽命長，也能減少日後更換的負擔。

238

機能作用

239

突顯食物風味的餐桌主燈

用餐是讓人放鬆的時刻，空間採間接照明會減少壓迫感。另外，屋主收藏許多珍貴的藝術品，希望有好的展示陳列，因此在陳列櫃的層板加燈輔助，呈現展示效果。餐桌的兩盞主燈則由手工製成，光的落點在餐桌上，使菜看起來更加美味，空間也增添了層次感。 圖片提供 ⓒ 森境＋王俊宏設計

- 細節 - 餐廳的手工燈具材質為清透的玻璃，令其成為灰、白為主的廳區場域中顯眼又清爽的重要視覺裝飾。

240

狹長樓梯動線適合懸吊燈飾

樓梯動線應有好的照明，行走比較安全，圖中的樓梯偏狹長型，天花板較高，適合用懸吊式的燈搭配，極具豐富感，加上為延伸整個空間的開闊性，樓梯旁的二間房間以玻璃當作牆面，空間通透，除了去除狹隘感，也讓這組主燈更加明亮。圖片提供 ⓒ 森境＋王俊宏設計

- 細節 - 狹長梯間球型吊燈，配合較高天花以垂掛方式調整適當照明高度，同時成為左右兩側房間的照明與裝飾造景。

241

多層次燈光滿足不同情境

大多數人的臥室可能不只有睡眠的功能，而是兼具閱讀、更衣室等起居功能。建議可為臥室空間搭配多重照明燈源，如本案即搭配了天花間接照明、嵌燈、床頭收納櫃燈、兩側閱讀燈等，不論是睡前需要溫和一點的燈光，或早晨更衣需要充足照明，均可視需求切換使用。圖片提供 ⓒ 演拓室內空間設計

- 細節 - 木質壁板門片為臥室注入舒適自在氣息，無論搭配偏黃光的床頭吊燈、暖白色間接光，都能成為最佳背景。

242

運用光帶創造多元用途

入口玄關處將光束化作燈帶連結至大面積櫃體，呈現出俐落的現代風格，燈帶能與櫃體的門面一同開闔，一方面不會影響到實際收納的阻礙、另方面能照亮區域及櫃內的收納物。同時 LED 燈帶可以依照家人的喜好調整為黃、藍、白等顏色，光源範圍延伸至客廳空間，搭配客廳中的主光源，讓間接燈帶形塑出不同層次的情境，打造出溫馨質感的空間。圖片提供 © 知域設計

- **細節** - 細節間接照明的光帶安排，能調和空間中光線的分布，並且有效作為空間不同的情境配置，不但能營造正確的氣氛，並可以透過家居控制系統，達到節能效果。

243

間接照明打造洗牆效果

在隱藏設備管線的需求下，衛浴拉出間接天花，同時順勢安排照明，向上的光源透過反射，形成洗牆的柔美光氛，有助提升空間明亮。而淋浴與浴缸區則分別配置嵌燈作為集中照明打亮視野，洗浴體驗不受影響。圖片提供 © 杰瑪設計

- **細節** - 選用接近自然日光的色溫光源，讓視野更清晰，洗浴、清掃都看得一清二楚。

244

245

244
強化重點區域光源

在需要洗菜、切菜與烹煮的廚房，特別需要強化亮度，因此嵌燈集中於廊道，搭配間接照明補足光源，打亮整體空間。而在檯面則輔以吊櫃燈提升亮度，料理更順手。廚房牆面運用黃色烤漆玻璃襯底，也順勢提亮空間，圖片提供 © 杰瑪設計

- **細節** - 廚房需要的亮度較高，嵌燈數量加倍，搭配 3000K 的色溫，暖白光源讓眼睛不會太疲累。

245
嵌燈提亮空間，輔以吊燈增添光氛

淋浴區、馬桶區與洗面台上方分別加裝嵌燈，集中光源的機能讓洗浴動作看得更清楚。同時搭配間接照明的輔助光源，調和衛浴空間的光差，避免眼睛過於疲累。牆角點綴錯落有致的鎢絲吊燈，作為入門的美麗端景，增添優雅光氛。圖片提供 © 杰瑪設計

- **細節** - 採用 3000K 的暖白色溫，不會過黃或過白的光源，不僅提亮空間，也降低粉色牆面的視覺色差。

246

台階內藏燈帶，強化指引作用

將主臥衛浴移至床頭後方，原有空間則改為更衣室，在管線移位的情況下架高地面，踏階處內縮嵌入 LED 燈條，作為提示引路之用，夜晚也能當作夜燈照明。而相鄰的衛浴則採用玻璃半牆，光線不受阻擋能恣意流動，提升空間明亮度。圖片提供 © 演拓空間室內設計

- 細節 - 踏階下的燈帶採用 3500K 的色溫，透過反射的柔和光暈，夜晚也不眩光。

247

順應動線設置嵌燈，造型夜燈輔助照明

為了入門不陰暗，玄關順應鞋櫃、穿鞋椅位置安排嵌燈，收納、穿鞋提供充足照明，座椅下方再另設燈帶，強化整體光源。牆面層板收納特地採用房子造型，內部暗藏燈具可作為夜燈使用，為夜歸的家人增添溫馨感受。圖片提供 © 杰瑪設計

- 細節 - 穿鞋椅下方燈帶採用 3000K 色溫，經過反射的昏黃光暈，暖化空間也不眩光。

機能作用

248

旋轉壁燈，創造多元用途

以簡約俐落為基調的臥室，床頭鋪陳木皮腰牆，上方櫃體則以白色打底，在自然光的照射下提亮空間。一旁同時搭配小巧壁燈，可350°旋轉的多角度設計，不論是面向床頭當閱讀燈，或是向上營造洗牆的柔美光源都相當方便。圖片提供 © 杰瑪設計

- 細節 - 採用台灣本土設計的「目木」壁燈，小巧俐落的金屬燈體，沒有一絲累贅，空間顯得更精緻簡潔。

249

吊櫃燈帶強化重點光源

在需要專心工作的書房中，特別需要重點照明的輔助，除了在天花加入嵌燈提供大範圍的亮度，吊櫃下方嵌入燈帶，同時櫃體拉高離桌面約 50 ～ 60 公分，強化桌面光源，並搭配 3500K 略微白光的色溫，避免久待黃光下的疲累感受。圖片提供 © 演拓空間室內設計

- 細節 - 吊櫃燈帶位置特地向上內縮，前緣有了木作遮掩，坐在桌前才能避免眼睛直視的不適感。

250

點狀光源串聯視覺

從地下室到一樓的過渡空間上，為了打造如地窖般的幽暗氛圍，樓梯全以水泥澆灌而成，側邊則預埋線路嵌入燈盒，拾級而上的點狀光源，串聯視覺有助導引路線，也讓空間增添些許靜謐氣息。圖片提供 © 璧川設計事務所

- 細節 - 採用 3000K 色溫的 LED 燈泡，偏暖的黃光為水泥空間帶來溫暖氛圍。

251

251

還原夾層鋼構藏設燈具線路，釋放舒適屋高

這間中古屋很特別的是屬於複層設計，餐廚空間上方為夾層，由於男主人身高 180 公分左右，為兼顧舒適度與照明配置的線路安排因素，設計師選擇將原本夾層的天花拆除，直接讓鋼構外露，並沿著鋼樑的兩側裝設投射燈，吊燈線路也能藏於鋼樑結構內，必須裸露出來的釘子則刷白處理，與鋼構色調更具一致性。圖片提供 © 實適空間設計

- **細節** - 聚焦型的軌道光源主要提供層板櫃、廚房、紅酒櫃基本且足夠的照度，黃銅勾勒弧線的復古吊燈，則是創造情境氛圍。

252

輔以玻璃燈柱，兼具夜燈與端景裝飾

由於空間較小，進門比較侷促，特地沿著門框設置玻璃燈柱，巧妙打造視覺重心，成為入門的美麗端景，到了夜晚也能作為夜燈使用。因應屋主有縫紉手作的需求，客廳一側增設小型工作桌，吊櫃下方增設燈帶，充足的集中光源工作也不疲累。圖片提供 © 演拓空間室內設計

- **細節** - 燈柱選用台灣白的烤漆玻璃，比起一般烤玻不會有顯綠的色系，與白牆相輔調和，視覺不突兀。

252

機能作用

253

254

255

253+254

加裝光帶，打造精品店般的優雅

因應屋主想要展示首飾、包包配件的需求，除了設置主要的衣櫃存放區，在更衣室入口特別安排一處展示區，特地沿層板下方安排燈帶，藉由照明勾勒線條，如精品店般的集中照明，讓服飾、配件更顯優雅精緻。圖片提供 ⓒ 璧川設計事務所

- 細節 - 為了讓衣物、包包展現原有的真實色澤，選用 4000K 色溫、演色性較好的燈泡，達到接近太陽光的打亮效果。

255

雙重光源亮度，氣氛與機能兼具

老公寓改造在隔間的重新調整後，公共廳區獲取更多的自然光線，捨棄天花板設計爭取屋高，並利用大樑兩側施作間接照明，製造屬於擴散、柔和的光線，讓忙碌一整天的屋主返家後能擁有放鬆的氛圍，另一方面搭配聚焦式的軌道燈具，提供較為直接且明亮的照度。圖片提供 ⓒ 實適空間設計

- 細節 - 沿著樑側規劃間接照明的同時，也能一併施作冷氣的包板，同時解決軌道燈的線路問題，一舉數得，右側書桌搭配可調整式閱讀燈，使用更為靈活。

256

以嵌燈簡化天花線條，層板下方照明提煉氛圍

在展現現代俐落線條之美的空間中，為了整合並收斂天花的線條，以嵌入式的嵌燈提供基礎的照明。寬幅的落地窗邊設計了收納櫃兼臥榻，不僅能於白天時引入自然光，也能讓屋主悠閒的坐臥於其上閱讀、談天、飲茶。臥榻上方與其同寬同長的突出天花木板，亦設置了嵌燈，可供屋主自由選擇局部照明。圖片提供 © 大名 X 涵石設計

- **細節** - 陳列展示層架下方的光帶設計，營造懸浮感，使層板有輕量化的效果；能於夜晚時單獨點亮，提供情境照明的功能性，提煉整體空間的精緻氛圍。

257

善用配色與燈光，完美串聯不同場域

客廳以藍色、紅色為主色調，餐廳、廚房立面的黃色為明度、彩度最高的顏色，而空間中其他顏色的彩度雖然高，但明度相對較低，讓空間的質感倍增，因此整體視覺看起來豐富卻不刺眼，另外，設計師希望藉用紅、黃、藍、綠這四種顏色，打造出結合台灣復古與現代裝潢美感，且無法用一種風格來定義它的居家設計。圖片提供 © 開物設計

- **細節** - 客廳燈光以 3000K 為主，營造歐美微醺酒吧風，餐廳則提高色溫到 3500K，讓食物反射出來的顏色飽滿鮮豔，令人食慾大開。

258

牆下燈帶兼具指引與延伸視覺效果

此為從玄關進入客廳的一道轉折廊道，在無自然光引入的情況下，天花挖出凹槽放入嵌燈，作為主要照明。刻意沿牆下設置燈帶，不僅柔化空間照明，也能成為引導路線的指標，搭配右方的玻璃紅酒櫃反射，廊道視覺更為深遠。圖片提供 © 璧川設計事務所

- **細節** - 牆角燈帶的光源向下，照度低、不眩光的設計有助保護眼睛。

機能作用

259

以間接照明為主，局部照明為輔

家中每個區域使用的燈源不一，除了餐桌使用直接照明的吊燈，其他區域皆以間接照明為主，來當作空間主要燈光來源，創造自在的生活空間。臥房顏色以藍綠色為主色，有讓人安定靜心的效果，天花板上有少數嵌燈，讓空間有均勻照度，而需要用高照度的區域，則是依靠床頭燈、閱讀燈來局部照明。圖片提供 © 開物設計

- **細節** - 臥房使用閱讀燈與床頭壁燈，體貼屋主在睡前閱讀或滑手機的習慣，色溫同樣維持在3500K，讓燈光明亮卻不刺眼。

260

隱藏鏡面後方光源，柔和暈染質感壁面

以大理石紋路鋪設的壁面與槽面，使浴廁的尊貴感不言而喻，符合現代人對於飯店感浴廁設計的期待。為了延續高級氛圍，照明的設計也不能落入俗套，設計師使燈光從鏡面後方發散出來，柔化了人造光直射的線性感受，而是讓其光暈溫和的渲染空間，同時將視覺的焦點引導至鏡前，無形中標示了重點功能區域。圖片提供 © 大名 X 涵石設計

- **細節** - 柔和發散的燈光，能避免燈光於臉孔上造成的高對比陰影，且刻意選用顯色較具真實度的白光予以照明，避免鏡中成象與真實情況落差過大。

261

261

臥房減少大型燈具的壓迫感

主臥延伸公領域的純白視覺,並以百葉窗篩灑光線入室,木紋質感床頭上方擺設了幾幅畫作,輕灑出人文美學氣息。白天的日照相對充足,即便不開燈,早晨能循著日光早起,也能在臥房看書;夜晚空間的主要設置為小巧的嵌燈,並且在床頭擺放純白立燈,作為夜晚閱讀照明使用,另外立燈的造型亦增添空間的整體清爽感。圖片提供 © 知域設計

- 細節 - 由於空間的風格設定為北歐風,為了能夠讓風格彼此呼應,床頭旁的立燈搭配水珠形狀的燈罩,而舒適的黃光讓閱讀顯得紓壓。

262

262

運用吊燈補足床頭閱讀光線

黑白語彙織構的寢眠空間,透過懸於床頭兩側閱讀燈的光暈折射,鋪敍出柔和與婉約的空間氛圍。設計師為了延續黑白的現代居家風格,選擇簡單俐落的黑色吊燈,為純白無瑕的空間畫龍點睛,創造視覺焦點。在客房工作區上方設置嵌燈等局部照明,確保環境照度的均衡與充足。值得注意的是,客房內的照明光線不宜太強,以 3000K 為佳。圖片提供 © 開物設計

- 細節 - 臥房燈光設計中,自然光線與人工照明皆是空間照明的重點,必須同時進行思考,來滿足基本使用功能與進階需求。

263

263

營造服飾店氛圍,打造明亮更衣間

試圖打造有如於服飾店挑選衣物配件的氛圍,故採用開放式的陳列設計,讓衣物能整齊排列、一目了然。在狹長型的更衣間中,適當的照明設計才能讓挑選衣物的過程更加便利順手,設計師將照明集中於走道中央,向下照耀至衣物的外半部,讓款式的差異清楚明瞭,光源恰好避開櫃體,避免其照射到層架上而造成陰影。圖片提供 © 大名 X 涵石設計

- 細節 - 開放式的櫃體設計,提供了垂直向的高度收納功能,集中於中央的打光設計,使上、中、下方的物件都可被均勻的照耀。

264

龍珠燈泡讓上妝美肌紅潤

主臥女主人使用的化妝區，桌面採 90 度圓弧角設計，不但作為化妝桌檯並且與旋轉電視區相連，有效利用空間坪數增加置物空間；設計木作可開闔的黑色鏡櫃，提供保養品收納，為了讓空間視覺規劃協調，櫃體的兩側採用龍珠球形燈泡，讓光線從鏡子左右兩側投射出來，而非從上而下的散射，一方面也避免光線在鏡面上產生不美觀以及刺眼的現象。圖片提供 © 知域設計

- 細節 - 色溫 3000K 的龍珠球形燈泡，一方面能讓上妝時照映更清楚，而燈泡也有美肌紅潤的效果，是化妝區常選用的一種燈具。

265

雲朵燈具，提供豐沛光源且增加童趣感

空間規劃為小小孩的開放式遊戲、學習的空間，設計大面置物書櫃和黑板牆的門片，可以任由小孩恣意發揮創意，鋪陳大面積北美橡木紋的木地板增添暖意，並且與透明玻璃書房比鄰而坐，便於照看小朋友安全。室內主要燈光照明設計，是配合空間訂製打造出 8 片可愛雲朵，加上燈罩和吸頂燈的構成，提供了空間內擁有豐沛的光源。圖片提供 © 分子設計

- 細節 -16 坪左右的空間中，天花板特殊雲朵圖形燈具，在木工時就嵌入在天花板內，並且加上燈罩，色溫上選擇 3000K 的溫暖白光。

266+267

圓弧燈具形塑家居的圓滿氛圍

入門玄關處以寬敞的空間感歡迎訪客的到來，設立一道電視牆將其一物二用作為空間區隔，玄關櫃上方設置嵌燈，其投射光影映照在黑色紋路磁磚，打亮空間也為營造出時尚貴氣的氛圍感受；客廳為三代同堂的主要共享領域，也是宴客歡聚的場地，環境用色單純簡約，並且透過大面開窗巧思，讓美好的日光與庭院景緻成為最美的生活風景。圖片提供 © 分子設計

- 細節 - 玄關選用德國品牌 Occhio 的單顆照明燈，並且延伸至客廳展顯出空間的圓融感，客廳採用造型天花設置一道大型弧形照明，白天為具有巧思的造型、夜間則映照出 3000K 的暖白光。

機能作用

268+269

特殊灰璃衣櫃結合燈具加強室內光源

臥房以典雅耐看為原則，運用灰色主題，染出不同空間相似的溫柔氣息。對於回到家就想放鬆的人來說，過於明亮、刺眼的燈光反而不舒服，針對臥房，不一定要用大量間接燈或主燈，可運用特殊灰璃打造隔間衣櫃，讓另端的燈光滲入空間，有如溫暖的玻璃燈箱，打造療癒的私密場域。在兩側床頭櫃上，設置燈臂作為閱讀燈，作為聚光也增加臥房的光源。圖片提供 © 分子設計

- **細節** - 透光的衣櫃後面和門檔前面藏了 T5／LED 燈條，一方面當作櫃內的照明工具，另一方面也有室內打亮的機能作用；床頭閱讀燈則為 Occhio 系列的弧形手臂燈。

270+271

聚光型 LED 串接燈給予均亮照度

將原本配置於空間內側的客廳挪移至主要採光處，加上隔間調整過後，廳區享有開闊尺度與充沛日光，由於屋主希冀夜間照明能均亮、可避免非必要性的情境光源，同時還要兼顧好更換，設計師因而於客廳天花平均規劃三道 LED 串接燈，以提供聚光型的光源，且串接燈管直接取下即可替換。圖片提供 ©ST design studio

- **細節** - 利用鐵件支架施作串接燈槽，回應簡約俐落的設計調性，廚房隔間牆上則利用陶瓷燈座與燈泡的搭配運用，給予返家時基礎照明，旋轉燈泡形式也便於屋主更換。

270

271

272

將植物和照明帶入室內，享受自然風光

在餐、廚區中，主要視覺焦點放在用膳區與備料區，主要照明會讓食物增加可口感、也增加備料的安全性。餐、廚區桌上的主燈同樣使用了西班牙品牌 VIBIA Palma 系列吊燈，近3000K 的色溫，一方面增加整體空間的色彩飽和度，另一方面也讓活動時的光源更直覺，燈具的造型黑邊為霧黑色的鐵件裝飾，讓空間更顯俐落質感，非常吸引人的目光。圖片提供 © 分子設計

- **細節** -VIBIA Palma 系列吊燈，設計理念是希望能夠將一般認為放置於戶外的綠色植物也帶入室內，為空間注入生機。並且提供垂直及水平的設計款式，能夠帶出更多層次。

273

透過多功能燈具，增添主臥暖意風姿

主臥空間除間接照明外，衣櫃內的光源也為此區一大特色，使用 T5 ／ LED 燈，當打開衣櫃時，一方面方便屋主尋找衣物兼空間照明的效果，另一方面燈光的黃色光帶微微透過櫃體、北美橡木木地板的反射，能與整體空間的灰、褐顏色達到完美的匹配；床頭燈的部分，設立小盞的閱讀燈具，讓居家環境中散發著靜謐光氛，也展現出其沈穩而內斂的生命力。圖片提供 © 分子設計

- **細節** - 利品牌名為 DAMO 的床頭小盞的閱讀燈具，曲線間流露出沈穩感，誠如達摩大師挺立於山間，堅毅而不拔的意象概念；其可調式燈罩的設計，與不倒翁搖動仍定立於原地的概念，也有著異曲同工之妙。

274

軌道燈強化空間的機動性

空間因應不同使用狀態強調多元的可變動性，由於女主人長期習舞，亦有在家練習之需求，為此大幅減少公共區域陳設，連結廚房的介面也以鏡面拉門設計，開闔之間可延伸公共場域的尺度，方便親友來訪時有更大的使用區域，並兼顧視覺拉伸的軸向性，照明安排亦有別於傳統餐廳的主燈設置改為軌道燈，以符合習舞需要。圖片提供 © 竹工凡木設計研究室

- 細節 - 淺色木質調與白牆天花的材料配搭，打造出純淨的人文質感，結合軌道燈與鏡面推拉門設計，強化空間的機動性與多元使用需求。

275

格柵天光打造獨特沐浴氛圍

主臥房衛浴被包覆於室內空間中段，延續外部以大地色系為主要色調的設計模式，牆面由數種色澤彩度、尺寸大小不一的磁磚拼貼組成，輔以木製外觀的洗臉檯櫃體、格柵天花等物件，營造沐浴在大自然中的舒適感。為了改善衛浴無對外開窗，缺乏自然通風、採光的問題，團隊特別將照明以燈箱形式嵌接於天花板木格柵內，以充足光照讓使用者如同沉浸晨光中，感受愜意、愉悅的體驗。圖片提供 © 竹工凡木設計研究室

- 細節 - 在缺乏對外光線，亮度不足的衛浴，透過以燈箱結合格柵的設計，讓人工光源得以均勻地散佈在空間中，創造出明亮、柔和的視覺效果。

276

多重光源打造豐富空間層次

有別於餐廳空間以軌道燈為主的多向光源設計，一門之隔的廚房中島工作檯採取了垂吊式主燈搭配天花板嵌燈的照明方案，這是由於廚房已有大面對外窗可汲取屋外的自然光線，且在空間使用上，更著重於工作檯面所在位置的局部明亮需求之故，整體空間也透過長虹玻璃門將外部廊道的光源引入，強化場域的照明與使用者感知的亮度感受。圖片提供 © 竹工凡木設計研究室

- 細節 - 在擁有大面對外窗的餐廚空間，透過精準的照明設計，一方面援引外部光源，同時設置主燈專注於使用需求，便可創造出迥然不同的空間情境。

3

情境風格

燈具不僅僅是提供居家照明功能，懂得善用各種獨具風格的造型燈具，也能為空間創造吸睛視覺焦點，例如立燈除了簡易照明，也能當作場域轉換的介質，臥房床頭旁加設壁燈或是檯燈，既有點綴柔和氣氛效果，同樣也達到睡前閱讀功能。

277
依照桌型挑選餐廳吊燈

一般會建議餐廳吊燈與餐桌的桌型相互搭配，若是圓桌，則選用圓形吊燈；方桌則使用方形吊燈，另外目前流行的二或三盞燈具序列式搭配，較不適用於圓桌，長餐桌視長度可配置二盞吊燈，但避免燈具集中在中間位置，而讓空間產生失衡。圖片提供 © 禾光室內裝修設計

278
根據燈具形式決定裝設高度

公共廳區壁燈多為引導照明使用，距離地面較高，約 2 米 4 ～ 2 米 6，臥房壁燈在於營造氛圍，距離地面較近，約1米 4～1米 7 左右。另外，立燈作用在於提供角落照明、指示作用，擺放位置建議在視覺高度 150 ～ 200 公分左右。圖片提供 © 和和設計

279
桌燈兼具裝飾讓光更有層次

桌燈又區分為氣氛與閱讀兩種功能，氣氛型桌燈多半造型裝飾性強，可選擇外型搶眼的款式，照明之餘也兼具裝飾效果，能提升空間質感，閱讀桌燈以聚光為要，避免選擇透光材質燈罩，也須注意是否會眩光。圖片提供 © 清工業設計

280
善用立燈點亮空間營造氣氛

立燈多置於空間一角，若在經常使用的空間放置立燈，可運用立燈作為場域的轉換，統合空間視覺，進而產生區隔與層次，經常性空間可選用打向天花的 200W ～ 300W 的 2 米高立燈，小空間可於沙發旁、書櫃旁放置 160 公分高立燈，也兼具閱讀燈功能。圖片提供 © 甘納空間設計

281
確定空間用途決定壁燈功能

壁燈可透過光影讓原本單調的牆產生光影層次變化，通常客廳因為會搭配吊燈或吸頂燈，壁燈多半扮演局部照明的效果，臥房光線一般都是柔和暖色調，壁燈宜用表面亮度低的燈罩材質，用餐空間則適合利用玻璃、塑膠或金屬材質燈罩，與風格相互呼應，創造視覺亮點。圖片提供 © 方構制作空間設計

277

278

280

281

279

282

仰賴自然採光形塑空間氛圍

全屋設定為中世紀復古風,以純白無瑕的壁色襯托屋主從美國二手老物店尋獲的中古傢具。餐桌上方精緻優雅的水晶吊燈亦為屋主親自選購的單品,但該空間若僅仰賴吊燈提供照明,會有亮度不足的困擾,另於天花板加裝可輔助照明的嵌燈,整體照明更為完整,同時保留水晶吊燈於空間的裝飾性。圖片提供 ⓒ 爾聲設計

- 細節 - 希望白天時能減少人造燈光的使用,故將餐廳與廚房合併,並拉至空間中央,讓周圍半開放式的空間能引進充沛的日光,達到白天無需開燈亦能明亮的效果。

283

設計款吊燈隱喻皎潔月娘,點亮昏暗玄關

從玄關端景望去,會經過中島吧檯、餐桌、客廳,進而到陽台,越過陽台所見景觀為寬闊河景,空間分佈具有層次性,但玄關本身具有亮度並不充足,昏暗的光線使人入門便覺壓抑。爾聲設計決定於中空的端景處加裝於圓滿剔透如月球般的吊燈,點亮玄關區,營造迎賓感。圖片提供 ⓒ 爾聲設計

- 細節 - 從玄關端景處望去,懸吊的月球吊燈,如停駐於河面上的滿月,不僅具有實質功能性,亦為空間增添詩意。

284

餐廳吊燈回應玄關燈飾,吊燈數量考量餐桌長度

越過玄關與中島區,來到餐廳區域,選用了喜的燈飾的 DORA 吊燈,用以營造精緻且具儀式感的餐飲情境氛圍。形體同為圓形的 DORA 吊燈,亦可視為與端景月球燈的相互呼應。燈具不僅外觀亮眼,亦具有高度的實用功能,可依據個別需求調整燈光照射的角度,使用餐空間的光影氛圍變化更加豐富。圖片提供 ⓒ 爾聲設計

- 細節 - 喜的燈飾的 DORA 吊燈可自由選擇懸吊的顆數,在決定數量時,需考慮餐桌既有的長度,以及彼此間距的密集度,盡可能達到比例上的平衡,並且避免視覺上的擁擠。

285

扣合室內風格選搭燈具，多元幾何打造活潑調性

此宅為親子宅，整體風格為北歐清新調性，色調以白色調輔以柔和的大地色，空間中多有綠意點綴，營造無壓閒適的居住氛圍。與廚房中島連接在一起的餐桌，大大縮短了動線的距離，不僅可供家庭成員用餐使用，也可成為男女主人閱讀與辦公的區域。基於親子宅的設定，希望能在空間中添加較為活潑的元素，故選用了北歐經典設計款吊燈，利用黃色達到跳色的效果，高低不一的懸吊方式增添趣味性，充分表現童真感。圖片提供 © 爾聲設計

- **細節** - 空間中恰巧缺少了三角形的元素，加裝此吊燈後，三角狀的燈型使空間的幾何元素更加豐富。

286

金屬壁燈展現復古輕奢韻味

木門為入口大門，進門後會先經過一條長廊，讓人有如置身於國外的度假豪宅中，在步入客廳之前，以雙開的玻璃門展現落落大方的氣質，並藉由玻璃透光材質將客廳的自然光引入廊道，營造出閒適且從容的氛圍。屋主親自挑選了如排笛的金屬壁燈，搭配廊道中的法式復古長椅，以及地面局部的拼貼花磚，盡展復古輕奢韻味。圖片提供 © 爾聲設計

- 細節 - 獨特的天花造型弧線設計，不僅讓自然光的投射更具有層次性，弧面經照耀後產生的光影使空間具有向上延展的效果，擴大了視覺的遼闊感。

287

透明玻璃球泡泡燈，輕透且不過份搶眼

延續玄關長廊的雙開玻璃門元素，從客廳進入廚房區域之前，亦需穿過一扇結合鐵件的落地雙開玻璃門，視線得以從公領域向周圍延伸，而不被空間分區所阻斷，另一方面亦可使自然光順利於室內流竄。此區吊燈選擇透明玻璃泡泡球燈，不僅外觀具有設計感，亦保有輕透感，並不過份搶眼，有效地避免擾亂視覺感。圖片提供 © 爾聲設計

- 細節 - 風格強烈的綠色壁櫃、地板局部的拼貼花磚，以及吧檯下方的茶色鏡面元素，已使廚房區域具有豐富的色彩與材質表現，故燈具選搭不宜成為另一視覺焦點，以免各個元素之間的主次關係產生混亂。

288

弧形天花延續玄關元素，霧面圓球燈飾展現大器輕奢之美

面向整片落地窗的餐廳，本身便具有極佳的自然採光條件，白天時幾乎無需開燈，也能有明亮適切的照明。上方的弧形造型天花，由玄關延伸至此，兩兩空間相互呼應，完善整體空間的一致性。餐桌上方懸掛的吊燈，為屋主翻閱國外雜誌時一見傾心的款式，爾聲設計亦覺

得與此空間搭配十分得宜，霧面的玻璃球燈，以及球燈之間聚集的姿態不僅具有氣勢，亦不失高雅氣質。圖片提供 © 爾聲設計

- **細節** - 弧形造型天花內暗藏著間接光照明設計，低調地為空間凝煉出高級卻不顯拘謹的儀式感，彷彿是從天緩緩而降的和煦日光。

289
植栽結合光源的藝術表現

在家中挹注「植物園」概念，將女主人的乾燥花與花藝作品變成傢飾一環；於是可見到無所不在的綠意植物，精算天花板軌道燈的高度，讓植栽可與燈光結合，變成吊掛的新穎裝飾，在滿滿的綠意浸潤之中，培養居宅療癒氛圍，一旁書桌天花板上方則安裝筒燈，搭配書桌檯燈照明，提供閱讀時必要的光源。圖片提供 © 澄橙設計

- **細節** - 牆面精算層板位置並預留展示空間，為達成較好的洗牆烘托效果，將軌道燈距離拉至 50 公分遠，讓光源可最適切地投射於聚焦物上。

情境風格

290

照射角度營造戲劇性效果

卸除格局的侷限性,設計師將起居、工作以及餐廚,整合成寬敞的互動領域,主牆是粉刷層打除後的混凝土牆,引導玄關至主空間的動線走向,搭配黑鐵板,展現原始粗糙的視覺張力,為了呈現粗獷感,設計師特別設定 25 度照射角度的軌道燈光源,使聚光效果愈明顯,營造戲劇性效果,投射在原始底牆上的斑駁質感陰影對比更生動立體。圖片提供 © 丰墨設計

- 細節 - 由於材質表情主要以水泥、紅磚、OSB 板構鐵件構成,挑選照射角度小的軌道燈投射地板或牆壁上,在走道或牆壁特意產生戲劇性的光圈,可以帶出更好的聚光效果。

291

燈光混搭組合,變換情境氛圍

餐廳周邊安置吊櫃,並鑲嵌層板燈,以極簡細緻的間接光源打亮櫃體,同時烘托生活展示品,餐桌的天花中央則懸掛 LED 三環吊燈,以現代極簡的流線造型捕捉視覺目光、形塑主題焦點,且掌握吊燈距地面 160 公分左右的適當高度,選用白光與周遭設計做搭配,展現冷調的時尚氣氛。圖片提供 © 澄橙設計

- 細節 - 除了餐櫃的層板燈、天花板的環狀吊燈,也在牆面安裝嵌燈,達到烘托畫作的作用,天花板亦加入間接照明,透過不同種的燈光混搭組合,變換更多氛圍情境。

292

展示燈光詮釋生活趣味

餐廳旁規劃大黑板牆與軌道燈,形成美麗的立面表情,另一端則規劃展示層板、刻意將高度拉低,以符合小朋友的身高使用,搭配軌道燈的角度照明,烘托生活中的美好記憶,提供更多收納可能。餐桌天花板則懸掛兩盞玻璃吊燈,開啟通透而趣味視覺焦點,讓整個餐廳領域繽紛而多彩。圖片提供 © 澄橙設計

- 細節 - 餐吊燈燈泡為兩層式的玻璃燈罩,可自行 DIY,在外層燈罩置放毛球或小物,讓燈飾可隨心所欲變換造型、增添趣味。

293
中島吊燈展現藝術品味

將原本封閉改成開放式的廚房，使得公共場域採光通透，配合原裝廚具位置，天花板嵌燈作為走道動線的主要照明，中島上方的吊燈與L型廚具吊櫃的櫃下LED燈皆有輔助照明，加上水槽位置就在窗戶旁邊，整體廚具照明亮度面面俱到。在法國品牌LIGNE ROSET的SERPENTINE吊燈在中島上，將亮點集中在吊燈上，讓整體餐廚區域展現出主人藝術品味。圖片提供 © 賀澤設計

-**細節**-SERPENTINE吊燈雖是廚房中島主要亮點，但僅負責輔助照明、營造情境，因此中島上方仍需要配置嵌燈投射，如要切菜、桿麵粉等等，才有足夠的空間照明。

情境風格

294

295

294
日式和室立燈營造溫潤禪風

屋主偏愛日式風格，且對園藝造景涉獵很廣，在打造戶外日式庭園之後，才開始構思與之相襯的傳統和室榻榻米空間，挹注日系禪風之美，簡約質感與溫潤的木紋鋪設，手工榻榻米帶來草本自然清新氣息，隨著兩側玻璃窗引入戶外綠意，採光極佳，窗簾使用竹捲簾，使陽光能夠緩和穿透在榻榻米上，除了吸頂燈、嵌燈，還有搭配壁櫃上的造型立燈，營造空間感柔和雅致。圖片提供 © 賀澤設計

- 細節 - 即便吸頂燈不開燈，只開和室天花板周圍四顆嵌燈，與壁櫃上的立燈，足以提供充分明亮的室內亮度。壁櫃立燈造型特別與榻榻米上的坐墊相呼應，帶出更有人文感的和室氛圍。

295
吊燈與夜光石相互輝映

以打造成輕奢華的酒店式公寓，衛浴選擇都會時尚氣息濃厚的深藍色作為主色調，以及採用夜光花崗石洗臉盆，夜光石會依據角度、燈光不同顯現特殊光澤，形成機能十足的亮眼一隅。而有了圓形的浴鏡加上橢圓造型的洗臉盆，在冷調空間裡注入柔和元素，並利用吊燈輔助照明，投射在牆體與浴鏡裡的倒影，並帶來柔美又簡練的裝飾效果與氛圍。圖片提供 © 賀澤設計

- 細節 - 以 40 歲屋主而言，除了深色襯底的空間表現成熟穩重感，與利用吊燈營造氣氛，還是需要天花板嵌燈作為主要照明，生活實用不可或缺。

296

嵌燈投影如水墨暈染效果

視聽室功能相對單純，雖是原本開窗的空間，但利用布面吸音板隔絕採光，才能獲得視聽效果。視聽室使用機能明確，與之相對應的空間環境設定更易掌握，通常都處在暗室情境之下，且以黑色、灰色、咖啡色系等深色主色調營造空間配色，並不需要太多情境擺飾。灰色的布面吸音板在天花板嵌燈投射下，呈現猶如水墨暈染般的層次變化。圖片提供 © 賀澤設計

- **細節** - 黑色視聽設備配上咖啡色系的電視櫃與沙發椅，利用色彩心理學予人沉靜、安定，視聽室的光線是為了點綴空間，看電影時將主要照明關掉，沙發角落燈成為輔助光源。

297

吊燈線條創造牆面主視覺

考量仿水泥面特殊漆的床頭背牆太單調，而搭配斜紋木皮材質，創造底牆的設計語彙，並在兩種材質變換處設計一道洗牆燈，讓天花板有光線投射下來。義大利四大名燈品牌之一 Foscarini 的 Spokes 1 吊燈投影在床頭牆面，帶來趣味的光影遊戲，若將天花板燈關掉，吊燈頓時有了立體的燈光表情，不只發揮夜燈的機能效用，並且成為臥室主視覺。圖片提供 © 賀澤設計

- **細節** - 原本要將主視覺留給牆面，選擇小盞吊燈卻顯得小氣，因而改採簡潔線條設計的 Spokes 1 吊燈，獨特輕盈的設計使其展現出充盈與留白、光與影的強烈風格。

298

超明亮的科技感純白盥洗客廁

位於玄關過道左側的客用廁所，呼應外頭相鄰的山洞型鏡面、時光隧道走廊等科幻主題，這裡以純白色系搭配光源，輔以壁面小方磚的理性直橫線條，打造具有相同氛圍的科技意象。圖片提供 ⓒ 新澄設計

- 細節 - 有別於住家低亮度的神祕慵懶氛圍，進到這裡，由鏡面背後的上下光帶打在白色背景強化亮度，讓訪客精神一振，進行簡單盥洗後能再回去繼續同樂。

299

吧檯吊櫃燈光創造唯美端景

以往餐廚空間的光源焦點多半放在餐桌上方的裝飾燈飾，而此案例中除了藉由餐廳玫瑰金的質感吊燈來提升時尚感外，在開放的廚房裡特別利用吧檯上方的吊架配置了上照式燈光，搭配飾品可為公共區創造亮眼端景，給予吧檯區更豐富的視覺與設計感，同時也界定出後端的廚房工作區。圖片提供 ⓒ 和和設計

- 細節 - 在廚房區則另有工作區的機能燈光，除了天花板嵌燈，工作區及流理臺均有加設獨立線燈，在櫥櫃內也貼心地加裝了方便取物的照明系統。

300

解構造型立燈點亮起居間

專屬主臥的起居空間放置舒適寬敞的皮質沙發，提供屋主一個能穿著睡衣隨性或躺或坐的無拘束場域。因應睡寢區的照明需求、天花嵌燈簡單環繞四邊，利用可在一定範圍內平均分散亮度的造型立燈作為輔助照明，奇特的解構樣貌也為空間帶來視覺趣味。圖片提供 ⓒ 新澄設計

- 細節 - 造型立燈的照明原理是將光打在導光板上，導光板吸光後將光源擴散出去、平均擴散於空間中，適合小範圍空間使用。

300

301

L 型燈帶打造機能過渡的「時光隧道」

T 字型動線是住家最重要的「交通樞紐」，從大門走進室內，伴隨著宛若時光隧道的燈帶線條，決定通往客臥、主臥、廳區。由於屋主平時很喜歡招待朋友到家裡玩，為了保留隱私，利用整合於櫃體的門片將臥室隱藏，只留下過渡廊道面貌，必要時還能拉上位於沙發側邊的拉門徹底隔絕公私領域，令住家動靜皆宜、互不干擾。圖片提供 © 新澄設計

- 細節 - 廊道燈帶以 L 型方式層層延伸底端，但仔細觀察，其實位於右側量體上的白色垂直部份是隱藏收納櫃的門片取手，巧妙與光帶整合，讓創意照明裝飾強化機能屬性。

302

曲線造型燈具回應空間調性

在空間基本風格定調後，無論是色彩、材質、線條都需要扣合該風格的設定，通常空間硬體裝潢落成後，便需要進一步挑選軟件傢飾，燈具的選購亦會於此階段進行；在挑選燈具款式時，可將空間既有色調、傢具形體與線條表現等元素列入考量。以此空間為例，由於傢具

物件並非方正規則狀，反之多為有機、不規則
形體，故挑選燈具時亦選用非直線式的款式，
以適度的曲線變化，回應簡約卻有機的空間調
性。圖片提供 © 源原設計

- 細節 - 在選搭燈具時，需小心選用過於浮誇的
款式，避免其奪去空間其餘元素的風采，盡可
能依照主從關係進行選搭，使畫面維持和諧性。

303

利用亮眼燈具深化入門印象

大器凝鍊的開放式空間，容納了客廳、餐廳與
書房，放眼望去色調主次有別，以大面積的粉
嫩壁色維持寧靜與祥和的氛圍，地面與桌面的
深色木紋賦予空間重心，卻不致使沉重，利
用單一物件的跳色，例如客廳中的紅色茶几，
製造視覺亮點；此外，位於入口大門處的餐廳，
為重要門面，以精緻的玫瑰金吊燈，深化賓客
踏入門的第一印象，且具有迎賓之意。圖片提
供 © 源原設計

- 細節 - 玫瑰金燈飾為一組三顆的形式，個別具
有不同的幾何形狀，無形中豐富了空間的線條
表現，玫瑰金的元素於空間中獲得延展，點綴
的出現於鞋櫃中間的層板、書桌上方的檯燈等
處，提煉出精緻質感。

304

吊燈數量需考慮比例原則，彈性更動方
可適度點綴

展現現代居家生活樣貌與特色的開放式廚房
與中島設計，設計師巧用立面與地面異材質、
同色調的對應手法，使空間富有材質變化，色
調卻一致且和諧。照明的部分，天花板的嵌燈
足以提供基本的照明，中島餐桌講究氛圍感，
因此選用具有設計感的吊燈，此燈具需以吊線
交叉的方式懸吊，視覺比例上寬下窄，上方的
寬度恰巧對應餐廚空間的總長，而下方寬度則
對應中島餐桌的長度。圖片提供 © 源原設計

- 細節 - 若想選用可自由決定數量的吊燈，需將
餐桌的長度納入考量，依照比例原則決定其數
量，需切記吊燈的數量以及總長，皆不可超過
餐桌長度，否則將會破壞整體空間的比例。

305

305

L 型光帶整合門把收納

為了實現線條極度簡化的設計概念，此臥房門於公領域中以隱形門的設計表現，而源原設計進一步希望在推開門後，臥房門片能與牆面完整平貼靠齊，但門片內部的門把卻造成阻隔，為了克服門把深度的問題，源原設計靈機一動，決定於牆面設計 L 型光帶，而中空的 L 型區域亦可完美收納門把，不僅達到了空間線條簡化的效果，亦成為別具巧思的亮點。圖片提供 © 源原設計

- **細節** -L 型光帶不僅展現了設計師的巧思，實現了美觀目的，亦具有實質的功用，可作為夜晚的局部照明，以及空間動線的方向導引。

306

擷取 Flos Aim 吊燈台灣居家最時尚畫面

形似藤蔓的 Flos Aim 吊燈看似隨意地垂掛在餐桌上方，背襯主牆取材自古羅馬壁畫、6 道油漆工法層層堆疊出的風化、斑駁表情，宛若國際精品燈飾的藝術目錄畫面在台灣居家原版呈現。此區風格強烈、主題明確，因此盡量保持天花簡潔，僅留下整合於內嵌無框出風口的嵌燈作輔助、牆面照明。圖片提供 © 新澄設計

- **細節** - 以有機素材發想的經典吊燈，燈具數量、電線長短、纏繞垂掛方式都相當自由有彈性，同時考驗裝設者的美感！設計師在現場花了半天的時間才調節好希望的線條表現，讓體積相同的三個燈在不同角度都能呈現最適當的遠近層次感。

307

床頭燈現代感十足，創造工業風寢區獨有品味

深灰、白為主調的無彩寢區，原本充斥著滿滿冷硬嚴肅的工業風氛圍，在加入床邊兩盞圓形吊燈後、瞬間產生了化學變化，黑色燈具點綴金色圓環，整體呈現出充滿陽剛味的現代時尚感，彷彿畫龍點睛般地為男孩房加入了屬於自己的精緻品味。圖片提供 © 理絲設計

- **細節** - 燈具表面採黑色粉體烤漆，具備光滑細緻觸感，特別的是，外殼可以上下滑動，選擇讓光源朝上或向下投射。

情境風格

308

308

宛若流星雨灑落眼前，仿清水模牆面端景迎賓

援引大門外觀的清水模元素，一樓玄關端景牆以藝術塗料作出相似元素的視線延伸、路徑導引，同時串連內外，立面運用凹凸、錯落方式呈現切割紋理，內嵌 LED 燈條，達到照明、活躍第一眼視覺印象效果。端景牆側邊連結玻璃隔屏增加小孩房光源，避免整道實牆帶來壓迫、封閉感。圖片提供 © 新澄設計

- **細節** - 端景牆由木作完成結構體，要裝設寬度約 1.8mm 的 LED 燈帶，需預留 2.2 公分左右厚度縫隙。確保燈管殼能切齊表面，寧可多預留一點空間，頂多將燈管墊出來，也不要太淺導致凸出。

309

古典吸頂吊燈提升空間層次

由入口向內延伸，安排為餐廚場域，針對屋主的宴客迎賓需求配置多人長桌滿足需求，並加入黑白對比色調，強調整體居家的穩重度，天花板則選擇吊掛古典吸頂吊燈，讓空間層次立即提升，門廊間特意加入了弧形拱線，與富有精品光澤的鋼烤材質，巧妙揉合優雅壁燈的妝點，低調流露奢華氣度。圖片提供 © 尚展設計

- **細節** - 針對不同桌型搭配合適的造型吊燈，如宴客主桌即為長形，配置長形古典吊燈，另一偏廳則因應圓桌選用圓錐吊燈，符合使用情境。

309

310

金色壁燈成為水藍拱門最亮眼裝飾

水藍色拱門順著建築樑柱結構，溫柔地劃出一道弧線，隱性區分餐廳與廚房，框圍出獨立中島成為可供休憩、喝茶的過渡地帶。設計師將女兒所喜歡的閃亮亮裝飾風格化成金屬壁燈與客廳球形吊燈，點綴於開放空間當中，成為粉彩舒適畫面裡最吸睛的亮點所在。圖片提供 © 理絲設計

- 細節 - 中島選用西班牙花磚鋪陳下方結構，素雅卻搶眼的紋理結合水藍拱門化身入門視覺主景。

情境風格

折疊壁燈成住家簡約裝飾

宛如黑白照片呈現的灰階住家,以冷調的氛圍勾勒貼心生活細節,創造出奇幻靜謐的生活場域。鄰近採光面的大片白色格柵背牆,在光線照射下,形成白、灰交織面貌,勾勒俐落細節。茶几上方設置壁燈作局部照明,簡約燈泡造型、金屬結構,為空間注入精緻、現代視覺感受。圖片提供 © 方構制作空間設計

- **細節** - 燈泡連結壁面處為紅銅材質,五金可供上下折疊,增加使用彈性、變化造型。壁燈位於客廳邊几上方、鄰近大門,除了客廳局部照明,也能當成晚上等門的小夜燈使用。

312

黑色燭淚燈形構視覺焦點

選用造型大膽的黑色燭台吊燈作為主視覺,在燈飾底部呈現燭淚滴落意象,既古典又奔放,形成搶眼的存在焦點,旁側牆面則安裝通透的水晶壁燈、作為畫作的陪襯,除了裝飾性燈飾以外,也於天花板邊角裝設嵌燈補足光源,讓每個角落均能接收光線,使照明更均勻,並可針對情境作光源的調整。圖片提供 © 尚展設計

- **細節** - 因採用大膽獨特的主燈,其周邊色彩與傢具即形成配角,需儘可能柔和或低調,像是選擇明亮的牆色與透明餐椅,不搶走主燈風采。

313

燈與鏡面的金色魅力

餐廳融入大旅行概念,集結非洲、現代、復古等元素,以巴洛克時代花朵壁紙鋪陳牆面,為用餐時光增添雍容氣息,讓空間洋溢豔麗奔放的魅力,而大面積鏡面則更加延伸空間的開闊度,同時重視燈具選擇,於餐廳選配仿金質燭台吊燈,與牆面鏡框形成璀璨的呼應,兼容並蓄演出美式好萊塢新古典風格。圖片提供 © 尚展設計

- **細節** - 燭台吊燈除了展現造型感,也於燈的下方暗藏燈源,透過向下的角度照明,補足微弱光線,使光線角度更均勻廣泛。

314

高端不俗豔的華麗水晶吊燈

以淺色山水大理石堆砌壁爐，並以五層線板工藝呈現女主人的優雅品味，打造奢華、精緻卻不俗豔的空間底蘊，為了呼應細緻具層次的語彙，選用美國的華麗水晶吊燈作為主視覺，以樹枝的造型，搭佐古銅色的仿舊色調，以燈飾做出垂墜感，讓整個空間顯得大器又高雅。
圖片提供 © 尚展設計

- 細節 - 壁爐上方以鏡子作為裝飾，高度與尺寸配合吊燈位置，形成虛實對應的趣味，讓空間產生雙倍放大感。

315

東西方交融的殖民美學

特意帶入殖民地風格，延伸東西方的美學交融，在古典的輪廓中挹注東方涵養，挑選現代風線條感強烈的義大利餐桌椅以及兩盞大型球體水晶燈，展現 Art Deco 的華麗年代，跟古董櫥櫃的舊時光交錯，強調「對比」的反差效果，下方餐桌則採用橢圓看似「魚身」形設計，讓餐桌上的人更容易享受到桌子上的美食，解決因為桌面過大而夾不到菜的問題。圖片提供 © 尚展設計

- **細節** - 帶有中式燈籠造型意象的吊燈，卻又能呼應美式風空間，以細緻玻璃的網格帶出如同鑲鑽般的視覺效果，與周邊鏤空滑門相呼應，塑造浮華澎湃的古典之美。

316

充滿故事的歐風端景視角

在家中安置一座訂製歐風櫥櫃，於櫥櫃頂部放置畫作或相框，呈現獨特的裝飾風味，並透過精選的植物系圖騰壁紙，營造藤蔓花草的清新質感，搭配屋主自行挑選的歐風餐吊燈，讓整道立面視角充滿故事，吊燈上方的圖案花卉也與壁紙形成呼應，往餐廳看去的視角有如一道端景畫面。圖片提供 © 尚展設計

- **細節** - 吧檯配置兩盞簡約的金屬吊燈，呼應旁側牆面的金色幾何設計，並在上方安裝投射燈，當開啟牆面後方的暗櫃，可形成便利的照明作用。

317

先抑後揚的深色玄關過道

玄關走道寬約 110 公分，天花設置投射嵌燈，利用黑鏡與仿石材的深色薄片磁磚鋪貼立面，低調反射光線、影像，令空間不至於太陰暗，但設計師特意降低此處彩度、營造緊縮視感，摹劃從過道至主要機能空間的「先抑後揚」視覺豁然開朗場景。圖片提供 © 工一設計

- **細節** - 玄關端景設定為質感格柵背牆與餐廳的輕巧吊燈，輔助此處照明亮度，成為進入大門後的視覺主景，予人精緻溫暖的第一印象。

318

LED 光帶導引路徑、減輕量體壓迫

仿清水模塗料凸顯了建築原始結構，以原始純粹的面貌穿梭、鋪陳於量體表面，延伸至私領域。走道降低天花高度，讓其與橫樑下緣齊平，減輕大樑壓迫，避免過高天花會放大廊道的逼仄感。這裡以嵌燈作主要照明手段，臥室側牆上緣採 LED 燈帶，打破深色、無裝飾牆面的厚實感，也達到導引路徑效果。圖片提供 © 工一設計

- **細節** - 特別選用僅有 6mm 的 LED 鋁擠型燈帶作為上方光帶照明，極細體積減輕存在感，賦予整個厚實量體輕盈視感。

319

輕巧玫瑰金吊燈點出精品住家主題

餐廳位於公共場域中央樞紐位置，鄰近玄關、客廳、廚房等處，天花降板藏樑、鋪設鍍鈦金屬板減輕視覺壓迫。材質上餐桌選擇灰白色人造石將餐桌與電器櫃整合成單一量體，主要透過上方光源如：造型吊燈、天花嵌燈作主要照明、呼應材質與營造精緻溫馨用餐氛圍，旁側輔以白天的落地窗自然光與電器立面光源。圖片提供 © 工一設計

- **細節** - 此處吊燈選擇喜的燈飾的 DORA P3，輕巧精緻的造型提供亮度而不阻隔視野，紅銅色半圓燈罩與大面積鋪覆的玫瑰金鍍鈦金屬板相呼應，點出精品宅主題；燈罩可旋轉設計提升使用彈性。

320

由暗到亮的過渡廊道，放大寢區視覺

進入長輩房前須穿過由浴室與衣櫃組構出的狹長廊道，一改公共廳區的冷調理性，深色的木質溫潤地貼覆地、壁。為了避免這裡的窄道、高天花形成過度壓縮視覺，天花隨著橫互樑身順勢下降，簡單用嵌燈照明滿足基本照明，室內的光帶與漣漪天花光暈與此處互享、成為端景亮點。圖片提供 © 工一設計

- **細節** - 將照明系統、空間設色有計畫地融入設計當中，在緩緩步入長輩房時，逐漸感受到顏色自深而淺、尺度由窄至寬，光線從暗到亮，達到豁然開闊的放大驚喜感。

320

321

吸光度不同，石材、不鏽鋼營造明暗對比主牆

餐廳運用毛絲面不鏽鋼與黑晶石規劃兩面視覺主牆，令金屬反射光滑面與石材天生的粗獷吸光面，在自然光、人造光與間接光的照射下，形成亮透精緻與暈黃沉穩的明暗對比，正中擺放業主之家傳之物——綠檀木餐桌，為用餐場域帶來歷史沉澱與明暗衝突的視覺張力。圖片提供 © 工一設計

- 細節 - 黑晶石內嵌不鏽鋼層板，用於展示收納小物，同時呼應另一側主牆材質。下方間接光選用 T5 燈管照明，一來是有足夠空間隱藏燈管，二是 T5 燈管光線擴散性較好，適合用來當營造氣氛的間接光源。

322

純白漣漪天花照明，揉合空間的理性與浪漫

實用主義的男主人講究細節，希望住家能尺度精準、充滿秩序理性。設計師以霧灰地坪材質為「染料」，令其逐漸漫延沙發背牆櫃體底座、門片與點綴全室每個機能場域，化繁為簡，讓單一材質表達出生活場域的純粹。與之呼應的則是漣漪片片的純白簡約天花！凹凸的柔軟視感象徵女主人，平衡空氣中充斥的陽剛肅靜氣息，令空間理性與浪漫共存。圖片提供 ⓒ 工一設計

- **細節** - 漣漪天花是請木工師傅一片片貼覆出的凹凸表情，使用較大的直徑 15 公分的嵌燈打光，強化進退面的光影紋理，嵌燈本身為可調光設計，屋主可視情況調節明暗。

323

燈帶拉闊量體水平視野、創造光影變化

霧面灰白磁磚從平面延伸立面抽屜與櫃體門片、襯底背牆，圈圍包覆黑鐵展示架。層架垂直線條隨著抽屜間隙、對齊地坪溝縫，展現絕對的秩序之美，設計師在上下兩側內嵌 1.3 公分 LED 燈帶強化水平視野，鐵層板與背牆間保留一段距離，進而在不同角度產生光影變化。圖片提供 ⓒ 工一設計

- **細節** - 上方利用不鏽鋼包覆，中段以小方塊鏤空造型打造細小開孔，讓光線從裡透出來，並經由不鏽鋼創造出獨有的科技感燈箱光源。

324

不鏽鋼樑下照明，另類餐桌「吊燈」

橫樑穿過餐桌座位上方，除了設定此處多為坐姿使用外，設計師運用不鏽鋼包樑、並將相同材質延伸住家等高壁面的表面材料，令其成為設計的一部分、弱化局部壓迫。同時於橫樑下方內嵌燈帶，打破量體沉重感，從側面看去與廳區鏤空鐵櫃形成水平層次秩序展現。圖片提供 ⓒ 工一設計

- **細節** - 不鏽鋼包覆橫樑，樑下照明選用纖細的 LED 燈帶、僅需預留 2 公分縫隙，便能達到增加多一種光源，成為另類餐桌線型「吊燈」。

325+326

大型藝術吊燈創造空間焦點

設計師在中島與書房配置 2 盞造型誇張的吊燈，2 盞皆以黃光源為主，前者造型像煙火散開，中島也是休憩的小空間，因此能營造很放鬆愉悅的氛圍，造型功能大於照明用途；而書房的吊燈又偏向神秘的歌德風，配上 3 盞投射燈打亮，使它光源看起來比中島的燈還冷白，設計師刻意選用 220W 的燈泡搭配上台灣 110W 的電壓，使光源不會這麼刺眼，反而產生昏暗的神祕之感。圖片提供 © 奇拓設計

- 細節 - 書房的吊燈是國外品牌特別訂製，其淋上彷彿黑色柏油的材料，使燈具透露出很詭譎的氛圍，成功吸引人的視線。

327+328

商空氛圍融入居家環境，創造專屬品味

設計師將文青咖啡館的風格調性也逐漸融入居家裝潢的思維，技巧性地使用裝飾型燈具搭配軟裝的色彩、圖案與材質，區別空間的獨特性，讓屋主即便待在家中，也享有在咖啡館放鬆般的氛圍，最明顯的是客廳、餐廳這些家人常聚的區域，皆逐漸抓取商空特色加以善用，使整體表現上更加有畫面感，影響到選擇燈具時除了滿足基本照明需求外，更在意能不能藉由燈具的配置，達到空間氛圍加分的效果。圖片提供 ©KC design studio 均漢設計

- 細節 - 將燈具的挑選呼應整體空間調性，使其能完美融合再整體空間之餘，又能創造意想不到的商空感。

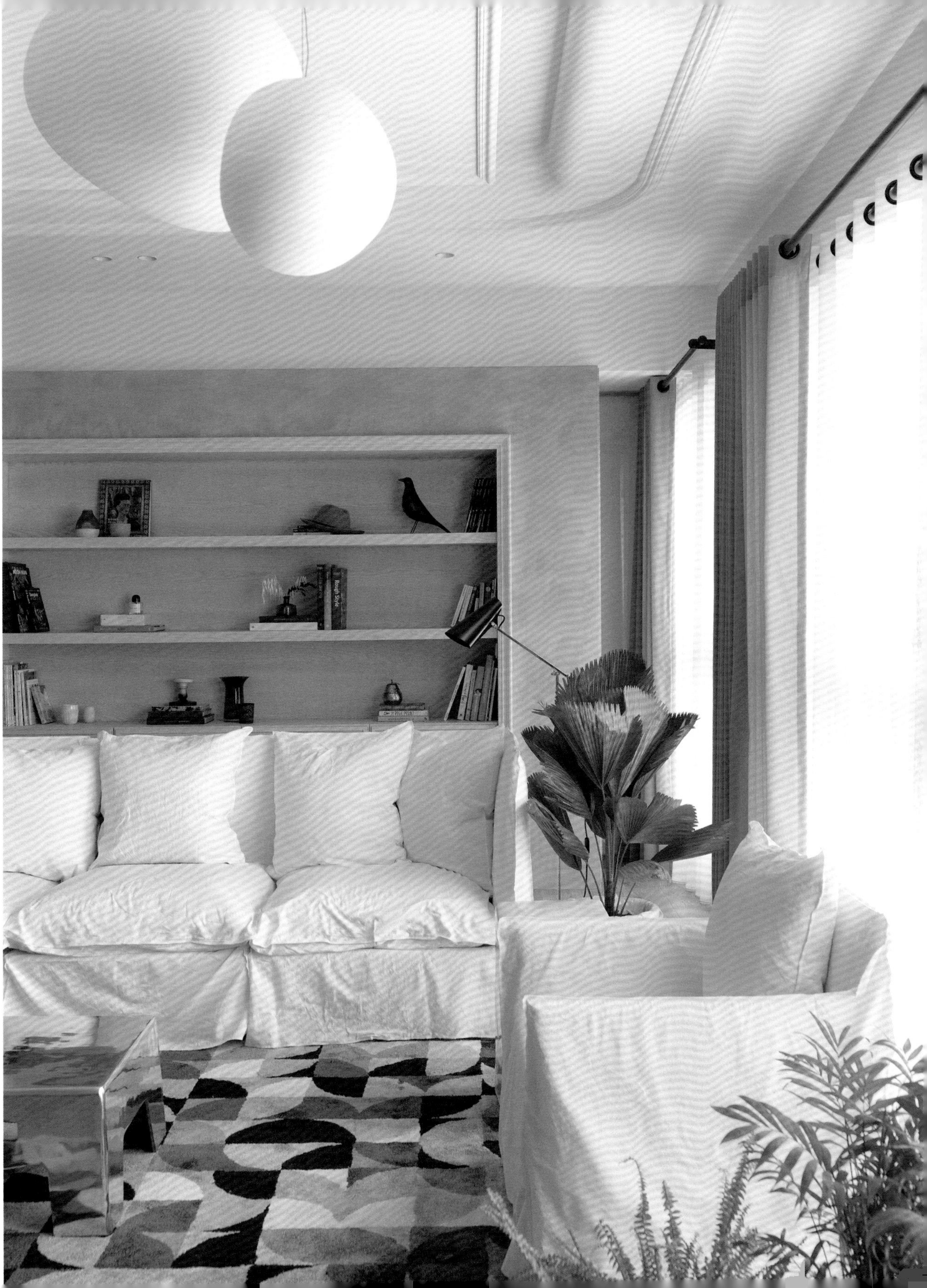

329

330

329+330

運用光烘托材質韻味

光源主要可分為直接照明、間接照明與漫射照明，可根據不同的投射角度與空間呼應的關係，產生出各式不同的光線氣氛。如前者，設計師利用線型的 LED 線燈，搭配天花造型，可直接引導行經動線到餐廳、小孩房再到主臥房，不占用過多空間又能達到指引目的；又或者如後者，藉由刷光的效果在天花板形成漸層光影，柔性界定各區域，甚至突顯建材的特殊紋理。圖片提供 ©KC design studio 均漢設計

- 細節 - 依據不同建材特性搭配光源，像是木材質可搭配暖黃光，營造出溫暖之感，水泥材質則可搭配暖白光，淡淡刷出其質樸的特性。

331+332

捨棄傳統制式吊燈，讓燈具豐富空間表情

想要營造媲美歐美的生活感的風格，多利用壁燈或立燈可達到這種效果。像是走廊不見得要傳統的嵌燈，也能用壁燈做為引導與視線安全的作用；而客廳則可採用造型簡約的吊燈作為主視覺焦點，如同本案使用的噴砂燈具，在開燈時整顆都會發光，不同於普遍吊燈只能往下照射，它能往周圍打亮空間，光源又不刺眼，達到柔美的氛圍營造。圖片提供 ©KC design studio 均漢設計

- 細節 - 小飯廳的燈具可調整燈罩位置，屋主能依據用餐人數與當下心情隨時調整。

333

通透格局更顯線燈立體美感

考量在客、餐廳及書房合併串聯的通透公共區，本身已擁有充足光源，再搭配灰色地壁與木作櫥櫃調和出濃醇卻敞朗的空間底蘊。為凸顯流暢氛圍在燈光運用上選擇以嵌燈作重點投射，可讓光線聚焦於傢具或主牆面；另外，書房採用鐵件摺疊門作隔間，搭配電視牆內縮形成 L 型玻璃隔間門，讓書房光線與視線均更為通透。圖片提供 ⓒ 和和設計

- 細節 - 在開放公共區捨棄客廳主燈，而是在餐桌上方選擇以鐵線吊燈作為主視覺，搭配周邊淺灰色調牆面更能凸顯立體質感與線條美。

334

冉升燈影轉出螺旋圓舞曲

由於家中尚有二位稚齡孩童，所以開始設計時就因考慮安全問題而將空間轉角處多以圓取代，並隨之發展出『圓與方』的設計語彙。餐廳亦是延續『圓』的概念，不僅在天花板與餐桌都採用圓桌，主燈也選擇圓舞螺旋的立體造型吊燈，在沉穩而明快的空間中呈現律動感，豐富視覺的層次感也成為客、餐廳之間最出色的焦點。圖片提供 ⓒ 森境＋王俊宏設計

- 細節 - 在客廳與餐廳之間特別配置了一座黑色檯燈，除了可作為二區之間的隱形界定，同時這也是為了晚歸家人留一盞燈的溫暖設計。

335

以純粹無暇凸顯上質品味

因屋主偏好自然優雅的用餐氛圍，除了在餐廳周邊以天窗引光的設計讓整面牆不時演繹著光影的幻化藝術；在餐桌上方則以自然姿態的環形葉花燈呼應大圓桌，呈現出風雅有餘、情意無限的空間美感。除此之外，桌邊的反射傘狀燈以及天花板的角落嵌燈都可交互運用，配合營造不同氛圍及餐宴熱度。圖片提供 ⓒ 森境＋王俊宏設計

- 細節 - 餐廳的空間硬體採以灰色、白色等純粹色彩為背景，除營造出和諧、無暇的空間氛圍，也讓傢具、燈飾等軟裝擺飾成為主角，凸顯居住者的不凡品味。

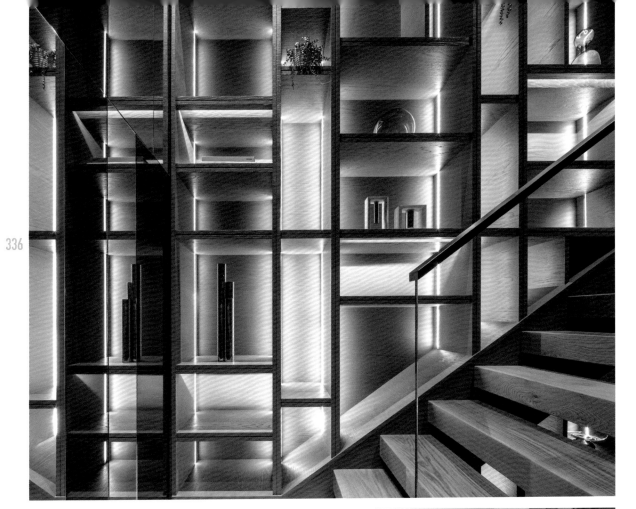

336

336+337
光源刻畫展示櫃與藏品，體現出耐人尋味的一面

在通往二樓梯間處，做了一面開放形式的展示牆，裡頭擺放了屋主的蒐藏物件，可能是一本書、一座雕塑、一盆植物，設計者透過設計讓這些物件有了擺放之處，同時輔以線性光源，除了讓展示櫃變得更加立體之間，柔和光線也代表著溫度般的存在，藉此刻畫出耐人尋味的一面。圖片提供 © 近境制作

- 細節 - 線性光線從層板間透出，統一垂直向度的呈現，與層架共同交織出線條的錯落美感。

337

情境風格

338

339

338+339
線性光源作為空間視覺延伸的引導

此案裡，近境制作在空間做了環境光源的設定，其分成點、線、面三種光源，像是入口玄關處、電視牆上就做了線性光源的設計，以直線條的光源作為空間視覺延伸的引導，帶出不一樣的視覺尺度外，再者光源經過櫃體表面材做反射，則會讓光線呈現柔和，能讓空間營造出放鬆的氛圍。圖片提供 © 近境制作

- **細節** - 光源經過櫃體材質再做投射，多層次的表現讓櫃子整體變得更有深度與韻味。

340+341
多元光設計，營造區域光源也襯托個人品味

照明除了提供光源、營造出不同氛圍外，燈具的選擇亦有襯托出業主個人品味的作用。在空間裡，設計者便嘗試利用不同的光設計來營造「區域光源」，像是在沙發邊有一盞立燈，提供閱讀時的照明，另一旁的展示櫃則是植入了嵌燈，成功製造出小環境的端景，各自發揮照明作用，也體現出生活中的個人品味。圖片提供 © 近境制作

- **細節** - 立燈讓整體空間的垂直方向的連結更有感，嵌燈則有聚焦視覺作用，不同形式燈具展現不同的使用意義。

342

光源結合繃布，讓視覺更為柔和溫暖

近境制作設計團隊特別在主臥床頭牆面中嵌入燈飾，除了具睡前的情緒紓緩的情境營造之外，也讓面積分割更有不同的進退面表現。空間依循燈光的色溫使用了暖色調搭配繃布的材質，不僅視覺感受更溫和，連觸覺也能感受到柔軟的放鬆感。圖片提供 ⓒ 近境制作

- 細節 - 光源安排的位置與繃布銜接線做有比例的分配，高低層次也造成視覺上的趣味。

343

一抹燈光讓微型住宅更溫暖

在微型住宅中雖無法營造完整玄關，但在入門處留有一盞昏黃暖燈，還是可為家打造出溫馨的守候感，這盞圓燈也是進門後的第一亮點。而在僅有一房一廳的開放格局內，利用電視牆旁的壁面打造層板裝飾主牆，既可以放些紀念小物或裝飾品，加上層板燈光則形成端景，除營造生活感外，也有補光的效果。圖片提供 ⓒ 和和設計

- 細節 - 層板與燈光採用結合式設計，將燈光直接嵌在層板上，平常不開燈時層板外觀平整簡潔，讓端景線條更為優雅細緻。

344

圓潤燈影成為入門最佳風景

在開放餐廳中，餐桌吊燈因為剛好位於視線焦點上，往往成為整個公共空間的重要聚焦。而在此案例中選擇以白、黑、灰等樸質純色的大小圓形組燈做為餐桌上方照明，同時這也是入門玄關進門後的第一個視覺落點，讓素雅簡約的燈飾成為居家風格的最佳代言。圖片提供 ⓒ 和和設計

- 細節 - 燈飾選擇與整體傢具配置息息相關，除了在配色上與空間相輔相成之外，幾何圓形的大小組燈搭配錐形餐椅也顯得相得益彰。

345

線條與軌道燈營造輕工業風

雖然空間本身並無屋高過低的問題,同時落地窗採光也充足,但因男屋主喜歡輕工業風設計而選擇採用軌道燈,同時在天花板周邊以黑色框線做陪襯,更能彰顯軌道燈的裝飾感。天花板主燈光採以簡潔嵌燈也符合屋主現代風的需求,至於電視牆前方的樑上投射燈則做為氣氛燈,提供柔和光感。圖片提供 © 和和設計

- 細節 - 客廳除了以自然光與多層次照明來營造不同氣氛外,在沙發背牆上則配置有壁燈,可提供給屋主作閱讀燈使用,當然也是另一種情境照明。

346+347
低奢金屬光凸顯霧灰空間感

在樸質開放的空間中，設計師選擇以高反差的金屬光澤奢亮圓燈作為餐桌主燈，無疑地讓餐廳成為全室聚焦點。透過周邊灰紋大理石牆、木質牆櫃與鐵件餐櫃等室內主要面材的烘托下，圍塑出純色而內斂的空間氣質，接著餐桌上一對金質燈飾則畫龍點睛地提供亮點。圖片提供 ⓒ 和和設計

- 細節 - 除了選用灰、黑、木等低調色彩在室內做鋪陳外，由於室內採光充足，因此得以選擇以霧面質感的建材，營造渾沌無爭的生活氛圍，讓家更顯輕鬆無拘。

348
纖纖吊燈閃耀姿態輝映大宅

這是棟寬達 330 坪的雙拼透天別墅，但因各區空間尺度過大，容易形成採光不足的缺陷，因此，在規劃時就先在各樓層開設天窗，引入自然光來照亮室內，並為挑高格局空間挑選了巨型而纖細的 3D 結構線燈，纖細線條搭配四層燈光有如裝置藝術般的造型，勾勒出空間的流通與輕盈感。圖片提供 ⓒ 森境 + 王俊宏設計

- 細節 - 整個硬體以灰、黑牆色拱托出從天而降的大理石電視主牆，而白底雲紋的大理石面則讓纖纖姿態的大型吊燈更顯細膩優雅，凸顯出大宅的氣度與品味。

349
星點光芒導引著隱私動線

為了讓二代同堂的作息干擾降至最低，設計師特別利用玄關與電視牆後設計一座具穿透感的展示端景櫃，適度地打造出公、私領域的隱私動線。而在廊道上點點如星的嵌燈則指引動線，末端更有端景的投射燈來聚焦目光。圖片提供 ⓒ 森境 + 王俊宏設計

- 細節 - 穿透感的展示端景櫃內也有加裝帶狀下照式燈光，除了讓展示櫃內的展品更發光美麗外，也可為廊道增加光感與通透性。

348

349

情境風格

167

350

350
壯闊的雙排燈光列隊迎賓

在數百坪的透天豪宅中,玄關不僅是出入轉圜的空間,更是展現宅第器度的最佳舞台。只見雙開玻璃大門後寬敞的過渡區域,鋪排著高雅勻稱的石材地坪,搭配一對掛畫與木長椅,宛如美術館等級的廳堂。而天花板以深褐色木格柵內嵌雙排投射燈照亮空間,展現列隊迎賓的壯闊,同時也指引動線方向。圖片提供 ©森境 + 王俊宏設計

- 細節 - 在靠近牆面處裝設的二盞投射燈,除了可以照亮畫作與木長椅之外,也讓整個玄關視線更有聚焦感,讓賓客一進門就會往燈光最明亮處趨近。

351

大小燈籠吸納圓融東西之美

這座開放視野的百坪豪宅，設計師先依屋主需求在公領域規劃主客廳與品茗區，其中濃郁東方質感的品茗區還特別挑選了具中國氣息的造型燈籠，不僅與整個飲茶、聊天的空間十分契合，同時這非傳統造型的大小燈籠，也與西式客廳毫無違和感，成為開放式客廳的目光聚焦點。圖片提供 ⓒ 森境＋王俊宏設計

- 細節 - 透過縝密而細膩的設計思考，依著空間的格局在天花板圍塑出橢圓造型，這樣的設計恰好能與不同橢圓的吊燈籠呼應，更顯圓融美感。

352

電視牆閱讀燈一體兩面

電視牆背面規劃成開放式的書房，正好利用電視牆有 50 多公分深度的厚實牆體，創造出書房的書櫃空間，書櫃下方則保留給電視牆放置視聽設備的電視櫃，整個厚實牆體深度完全沒有浪費。由於牆體前後皆為雕刻白石材，兩側則是金屬板的冷調材質，加上黑色鐵件書桌同樣形塑沉穩空間感，因此書櫃使用柚木增加大地色系元素，LED 嵌燈照亮木頭溫潤感更明顯。圖片提供 ⓒ 竹村空間設計

- 細節 - 書桌閱讀燈使用色溫 4000K 燈泡，接近柚木書櫃原木材質顏色，使人享受閱讀舒服狀態，書桌旁搭配立燈作為輔助照明，則能增加情境風格。

353

玫瑰金吊燈營造時尚品味

由於餐廳區域空間大，設計師特意選擇燈具較大的吊燈造型，以及雕刻白石材餐桌，令空間感更襯托大器質感，兩盞吊燈呈現一高一低，則帶來活潑不拘謹的擺設趣味，而燈具材質是深具時尚感的玫瑰金，不僅為餐廳營造高端品味，亦不失居家溫馨氛圍。餐廳吊櫃安排間接光，加上天花板投射燈，簡單俐落的擺飾成為餐桌一道美麗的端景形象。圖片提供 © 竹村空間設計

- 細節 - 餐桌上的吊燈兼顧實用和美觀，尤其餐桌桌面是雕刻白石材，色溫 4000K 燈光選擇亮度會更好，當餐桌周遭燈光明暗對比時，更能聚焦在用餐上。

354

藤球吊燈賦予人文知性品味

因為進入玄關空間，轉過來就是餐廳區，因此餐桌設定必須展現十足顯眼的視覺效果。設計師選擇藤球材質的餐桌吊燈，四顆不同尺寸球徑的藤球燈高低錯落，以及黑白雙色混搭，形成非常強烈的視覺焦點，餐廳主照明來自天花板嵌燈，並穿透格柵設計提供玄關明亮感，鞋櫃展示櫃也成為餐桌的端景，加上木質拉門隱藏客浴的洗手台區域，讓輔助光源靈活彈性運用。圖片提供 © 竹村空間設計

- 細節 - 為了呼應空間裡的人文定調，首先從材質上挑選人文氣質的藤球吊燈，並以黑白雙色與設定四顆吊燈的數量，放大餐桌重要性的存在感。

355

355
繽紛跳躍的光影氛圍

一家三口的現代紓壓宅，由於空間中以大面
積的灰牆與淺木皮為主，調和原始大門與廚
具的沈穩色調，因此開放式書房即加入粉紅、
孔雀藍、橘色等繽紛跳色，營造吸睛亮點，同
時利用櫃體板材側面局部穿插 LED 條燈，為
夜晚時分增添情境光影效果。圖片提供 © 禾
光室內裝修設計

- **細節** -LED 條燈利用垂直方向的隔板加上外蓋
的壓克力罩，創造出宛如鑲嵌於板材上的效果，
條燈色溫為 3000K，映照出溫暖的黃色光源。

356

簡約純淨的無印氛圍

對工作忙碌的夫妻倆來說，日式簡約恬淡的氛圍正是首選，設計師為把握良好採光、視野通透等優勢，空間以純白色為鋪底，結合榆木實木皮，發揮無印風的精神，打造出純淨無瑕的寧靜與美好，也因此在餐廳區域搭配了白色 PH5 吊燈，與整體風格極為貼切。圖片提供 © 禾光室內裝修設計

- 細節 - 天花兩側嵌燈主要擔任動線照明為主，書房與餐廳之間使用玻璃拉門，則是保有自然光線通透的效果。

357

光線醞釀品茶情緒

名為「Tea House」的住宅，當然要有品茶專屬的區域，在這塊以「茶」為核心的空間裡，設計師以各種方式帶出「茶味」：整體空間以木為主要材質，中央設置三盞古雅的黑色籠型吊燈，營造出濃濃的東方情境，使人能在此細細品茶，享受休憩時光。圖片提供 © 沈志忠聯合設計

- 細節 - 側邊的櫃體以 LED 燈條設計，借此突顯各式茶道藏品，烘托出精緻質感。

358

造型燈槽增添趣味層次感

簡約風格住宅，透過開放式設計，帶來光與空氣的流竄，線條與間接光源的搭配，展現豐富的空間表情，電視立面置入特殊造型線條，搭配柔和溫暖的間接燈光設計，賦予立面豐富有趣的層次感，也形成夜晚浪漫的氣氛照明。圖片提供 © 禾光室內裝修設計

- 細節 - 間接照明區塊僅為燈光功能，利用木板的造型深度規劃燈槽，即可將間照隱藏於內。

359

天花板間接光照亮變魔術

由於相鄰棟距太近、以及陽台圍牆太高等外部環境因素，臥室雖有大面落地窗，卻沒有良好的自然採光條件，因而搭配兩件式窗簾，讓遮光窗簾可以保持臥室的隱私需求。臥室燈光重點擺在電視櫃，以便遠離床鋪位置，而巧妙利用天花板沒有做滿的側邊空間提供間接照明，灰色床頭牆向前挪移，在牆後規劃更衣空間，不僅賦予空間更多的機能性，也使燈光不集中而帶來更多情境。圖片提供 © 竹村空間設計

- 細節 - 床鋪上方避免安排嵌燈光源，因此在天花板四周使用色溫 3000K 投射燈，營造臥室舒適情境，而在天花板沒有做滿的側邊提供色溫 4000K 的間接照明，讓整個空間亮度均勻平衡。

360

半透明樂高燈罩，兼具收藏展示功用

餐桌上方的主燈為獨一無二的訂製款，靈感來自屋主喜愛收集樂高，設計師靈機一動決定利用可透光的半透明樂高拼出燈罩，底座以玻璃材質打造，中間加入不鏽鋼柱子鎖於原始天花結構上，燈罩外緣就能隨意地以樂高做為裝飾，形成空間趣味的亮點。圖片提供 © 清工業設計

- **細節** - 料理區域除了天花嵌燈之外，吊櫃下也採用重點式聚光燈照明，輔助工作檯的光源需求。

361

以城市為屋頂，在陽台開派對

陽台作為居家的戶外延伸，經過設計與燈光規劃，能營造不同於室內的美好。此案在架高的木棧板下安置燈條，透過光影突顯木棧板不規則的線條，形塑空間個性，擺放幾張造型燈椅，與整個城市光景相互輝映，享受屬於一個人的靜謐夜景，或是三五好友相聚的美景。圖片提供 © 奇拓室內設計

- **細節** - 結合燈具與造型戶外座椅，搭配緊貼架高木棧板的燈帶，省下多餘的線條量體，讓陽台本身就是一方美麗景緻。

362

天光與綠植感知自然原野

主要公共場域由客、餐廳、景觀浴池與廚房所建構，全然開放的形式呈現出寬廣而舒適的居家生活尺度，空間正中央大膽地置入開放式的方形景觀浴池，輔以四周木格柵平台環繞的設計，正對落地窗外植栽扶疏的室內陽台，以陽台綠意在面積有限室內空間中，創造如同渡假休閒般的閒適感受。圖片提供 © 竹工凡木設計研究室

- **細節** - 將浴池放置於公共區域內，創造出有別於傳統洗浴文化的空間佈局，開放式的設計，天光與窗外綠植，在室內營造如同置身大自然般的情境。

363
聚焦空間中值得品味的細節

以同樣灰色但不同材質，堆疊出空間的多元
細節，燈光的重點聚焦於開放式展示櫃上，
3000K 的黃光柔和了灰色調的稜角，經過金
屬質地的層板折射，為展示品鋪上一層淡淡的
光芒，吸引人走近欣賞。此外，將小造型檯燈
作為擺設，讓空間表情更為生動。圖片提供
© 璧川設計事務所

細節 展示收納間以上方嵌燈為整個空間帶來
大範圍光源；層板下方的 3000K 色溫 LED 燈
條搭配造型檯燈，照亮此處每個角落

364

我與自己獨處的慵懶時光

有別於公領域客餐廳，在白色為基底的空間選用鮮豔活潑的黃色燈具，與延伸的餐廚區牆面相隔的閱讀區，僅以一盞壁燈及些許間接燈光為照明，讓半開放包覆空間形成別緻的溫馨小角落，擺放地毯、懶骨頭等傢具便於隨意坐臥，享受慵懶閒適的片刻。圖片提供 ⓒ 方構制作空間設計

- 細節 - 櫃體上下內嵌 3000K 色溫的 T5 燈管，打破實體隔間的壓迫感，也為小書房帶來更多輔助光源。

365

時尚主燈打造五星飯店級臥室

一般而言，懸吊式主燈運用在客餐廳區域居多，但若是臥室空間坪數夠大，也不妨考慮為臥室選擇一盞具有時尚設計感的主燈，將可營造出五星旗飯店般的奢華氣度！但應注意主燈位置不宜在床頭上方，以免光線影響睡眠品質或造成壓迫感。圖片提供 ⓒ 演拓室內空間設計

- 細節 - 清淺高雅的飯店式主臥，利用床頭嵌燈、吊燈滿足睡前基本照明需求；若需進一步亮度則可開啟質感主燈，使用更具彈性。

366

半透明衣櫃化身創意燈箱

對於回到家就想放鬆的人來說，過於明亮、刺眼的燈光反而不舒服。因此，針對臥室或休憩空間，建議不一定要用大量間接燈或主燈，可以運用特殊材質玻璃打造隔間衣櫃，讓另一端的燈光滲入空間，有如溫暖的玻璃燈箱，打造最療癒的私密場域。圖片提供 ⓒ 演拓室內空間設計

- 細節 - 捨棄明亮的大型主燈照明，床頭吊燈搭配來自更衣間的間接光源，成功營造朦朧昏暗的舒適睡寢氛氛。

366

367

368

367

以燈光勾畫出生活風格重點

梯廳空間作為室外與室內的轉折緩衝區,燈光運用強調氛圍營造。地面選擇暗色石材,突顯與淺色立面對比,在清水模立面上下兩端以 LED 燈條畫出重點,暗示室內空間是以清水模打造的開放、簡潔空間,光暈烘托雲朵意象的穿鞋椅,與極簡風格的掛畫交織,形成別緻的端景。圖片提供 ⓒ 壁川設計事務所

- **細節** -LED 燈條造價一公尺約 NT2,000 元,特別選用 4500K 色溫,以暖白光源凸顯梯廳簡潔造景意象。

368

講究浴廁氛圍,加裝壁燈展現品味

屋主本身對於生活十分講究,時常自發性的蒐集國外的室內空間作品,培養自身的美學鑑賞能力,特別喜歡國外居家中會有的儀式感。屋主在與爾聲設計溝通室內風格時,便已對於個別空間的元素串流及對應有所想像,為了回應公領域的中世紀復古輕華麗氣息,屋主亦挑選了古典優雅的壁燈,要求加裝於廁所鏡側,不僅提供照明,亦為情境氛圍大大加分。圖片提供 ⓒ 爾聲設計

- **細節** - 天花板的奶油燈亦是屋主親自至美國挑選購入的,內斂的光量發色顯得低調且慵懶,泡澡時可單獨點亮壁燈或者奶油燈,皆能有置身於飯店般的質感享受。

369

讓燈飾成為留白中的點綴

白色調為主的主臥房，僅保留少量的基本家具，床組、床邊桌、梳妝台與綿羊造型座椅，木質傢具搭配淺白木地板為空間添上了層次，大型落地窗外的公園造景，將四季更迭的景緻變幻坐擁入懷。而相對單調的臥室主牆上，設計師選用自天花板垂墜的床頭燈飾，畫龍點睛地在如同純淨畫布般的白牆中畫上靈動的一筆，也為溫馨單純的睡眠空間增添了一絲雅趣。圖片提供 © 竹工凡木設計研究室

- 細節 - 留白的空間中往往不需講求過多的裝飾或配件，若能運用優質的燈飾選配，讓燈本身成為光源與藝術品雙重角色，便能創造獨特的效果。

369

370

暖黃光強化木頭原色

入口玄關空間以大量木質材料結合深灰色系金屬為元素，一方面強化自然觸感，同時也營造人文、溫潤的視覺氛圍。甫踏入大門，由深色木皮牆面、木地板與金屬鐵件混搭而成的玄關，以四十五度轉折的迂迴，結合門廳內側以長形木板材交織、錯落的造型天花板與嵌燈，暖色黃光自上方隱隱流洩而出，為到訪賓客創造出一道低調而誠摯的邀請。圖片提供 © 竹工凡木設計研究室

- 細節 - 在主打自然、木質系溫潤感的家宅設計中，透過精準的燈光設計，除了強化深色的木頭原色氛圍，亦可創造莊重、安穩的五感情境。

370

氣勢澎湃的鉤狀燈具，展現時尚氛圍

位於地下室的視聽間，為展現敞朗開闊的空間氣度，運用特殊訂製的鍍鈦結合燈光手法，巧妙揉合裝飾主燈與間接燈光兩者特質，透過鉤型主燈提點勾勒出整體格局氣勢，再搭配嵌燈打亮局部牆面，呈現劇場舞台般的時尚氛圍。圖片提供 © 分子設計

- **細節** - 特製的懸掛燈色溫約為 3000K；櫃子後方設置了一上一下的鋁擠型燈條，展現現代時尚的 longe bar 風格。

372

特色燈款豐富空間中的光影魅力

注重氣氛的餐廳燈光，其燈具不只是作為照明之用，在一般情況時也能有裝飾空間的效果，且為了搭配圓形餐桌，設計師挑選了三款金銅色圓弧吊燈，來自丹麥的歐陸經典設計品牌 GUBI，燈罩能旋轉調整，變化不同的光源，也給予用餐空間溫暖足夠的光源。圖片提供 © 分子設計

- **細節** - 桌面與燈具之間距離約 100～150 公分，GUBI 系列的 Multi-Lite Pendant 吊燈呈現的是丹麥黃金年代的經典設計，兩個圓柱形奠定這盞燈的設計基礎，在黃銅金屬架的範圍，能自由翻轉燈罩，擁有獨特幾何風格。

373

嵌燈結合異材質混搭設計

主臥房延續以白色為基調，結合木質貼皮營造溫潤家宅氛圍的設計思考，在入口動線下方橫梁與空調出入口造成的天花板高層差，以淺色木質牆面延伸至天花板，結合嵌燈設置與臨牆一側的衣櫃，形成一個ㄇ字型如同大型框景的區塊，弱化了房內柱樑位在動線上給予使用者帶來的壓迫感，並巧妙地轉化為空間中異材質、色彩混搭的獨特亮點所在。圖片提供 © 竹工凡木設計研究室

- **細節** - 善用燈光結合異質建築材料的混搭，在不可避免的樑柱系統產生的壓迫感或畸零空間中，建構出出乎意料、令人驚豔的的視覺效果。

374

氣質燈具形塑餐廚區域的小清新

原屋採光佳，通風良好的條件下，讓光源自
然溢入。餐廚區的座向與客廳區域緊密相連，
品味獨特的軟裝是屋中最療癒人心的細節，離
地約 160 ～ 180 公分的玻璃鑲嵌燈具營造出
餐桌上的溫度，並利用挑高天花板裝置間接光
源，再以透明的柱狀燈創造出餐桌上的視覺焦
點。圖片提供 © 拾隅空間設計

- **細節** - 燈具來自於台灣品牌—真真鑲嵌玻璃研
究所，將鐵件與玻璃作為結合，創造出獨一無
二的外觀紋理與質感，並且藏了一個小巧的乾
燥花於燈光內，襯托出些許清新氣質。

374

375

葉片造型吊燈襯托素雅內斂框架

整體空間顏色素雅內斂，採用白與灰藍色做搭
配，適度以黑色框邊，打造俐落經典線條，在
背景單純的狀況下，餐廳、衛浴特別配置西班
牙 Marset 品牌的 Discoco 吊燈，由 35 片弧
形葉片層層堆疊的外型，充滿戲劇性的張力，
正好與空間相得益彰，帶來吸睛亮眼的視覺焦
點。圖片提供 © 甘納空間設計

- **細節** - 順應樑位拉出的斜面天花，內藏間接照
明，提供夜間基礎且充足的亮度。

375

376

隱藏光建構的輕盈流動感

室內空間以俐落的現代簡約風格呈現，純淨無
瑕的白色作為空間主調，營造質樸、素雅的居
家生活場域。包含客、餐廳在內的開放式區
域中，具收納機能的電視主牆櫃體恆互其中，
建構現代感十足的空間情境。以懸空設計的壁
櫃，下方內凹處除了機能上可放置擺飾、音響
等物件，設計上亦特別結合隱藏光源，並施以
鏡面材質，創造無盡綿延的效果，據以建立輕
盈、飄浮的獨特空間體驗。圖片提供 © 竹工
凡木設計研究室

- **細節** - 在素雅純淨的白色調簡約設計中，透過
嫻熟的操作手法結合隱藏光源設計，在放大空
間視覺觀感之餘，亦可創造輕盈、流動的身體
感知。

376

377

377

踏進玄關，讓光束引領至溫暖家居

從大門進入後，低彩度的灰白牆面上有一束光線延伸至天花，搭配鏤空側面的白色柱體展示櫃，一方面放大空間設計感，另方面如同儀式般地讓進門時心情感受沈澱。LED 的光帶也為空間妝點了未來科技感，用俐落具有造型的線條和現代風格相襯，注入些許年輕且清新感十足的都會活力。圖片提供 © 拾隅空間設計

- 細節 - 玄關實牆上佐以清水模塗料，為了讓牆不要太過單調，將 LED 鋁擠型燈條嵌於牆中並延伸至天花板，照明投射下也讓地面幾何花磚的細節深刻顯露，讓從玄關步入客廳的光影中，彷彿道出指引的歡迎聲。

378

多元燈具搭配，演繹出時尚與 Loft 氛圍

中島區的空間設計運用大量冷暖材質交錯，以深色材質變幻層次，並以金屬色系作為局部烘托，且採用多元的光點跳脫出深色的層次；中島區的天花板設計為兩大塊量體，一塊為貼實的木皮，另一塊則是格柵造型，天花四邊藏有七彩的燈條、透明櫃內設置層板燈，並在餐桌上方佐以煙燻色造型吊燈，讓整體空間演繹出時尚與 Loft 氛圍。圖片提供 © 拾隅空間設計

- 細節 - 中島區燈光色溫選用 2700 ～ 3000K 間，在透明櫃體的嵌入式鋁擠型燈具設置約為 1 公分的厚寬度，讓其不影響櫃體的整體美感，而吊燈的燈座上有些許大理石紋，呼應整區的色系和聚焦視線。

378

379

380

381

379
透過照明，讓寧靜中多點趣味

清水模的牆面，配上 L 型大面積的簡單木紋
電視櫃，呈現出寧靜簡潔的客廳空間。為了怕
空間過於灰色單調，不夠活潑，因此設計師特
別搭配一盞誇張的大立燈，適時地讓空間在寧
靜中帶點趣味。圖片提供 © 六相設計

- 細節 - 天花板為了配合空調的出風口而局部往
下降，順便做間接照明及嵌燈，讓嵌燈的光線
投射在清水模上展現光影變化。

380+381
精準使用燈具，用少干擾呼應簡約主軸

挑高開闊的大尺度公共領域，空間中的自然光
線來源簡單且充裕，大開窗的菱型格柵，當陽
光灑進來時更增添光影層次，所以光線的游移
成為家中最自然的風景。因此客廳主要照明選
擇造型簡單的吊燈來提點，再結合間接光源，
運用大區域的弧形間接照明來提升整體亮度，
並使用最少的視覺干擾呼應簡約主軸。圖片提
供 © 分子設計

- 細節 - 自然光線來源充裕，除了天花板必要金
屬吊燈與嵌燈照明，客廳的視覺焦點著重在氣
氛的營造，採用名家設計 Occhio 系列 Sento
A soffitto due 吊燈，由上或下單燈設定亮度，
亦無需開關切與搖控器，均由手式揮動開燈或
關燈。

383

382

清透質地展現光的魔法

打開生活的尺度，公領域以最大化的格局配置規劃，迎接戶外自然光與景緻，餐廳座落於玄關進門處，以綠色為空間用色主軸為延伸，發展成為立面、傢具的配色概念，在間接照明之外選搭如樹枝結果般的造型燈具，清透質感更顯輕盈，亦能與後方玻璃隔牆達到相互襯托的效果。圖片提供 © 甘納空間設計

- 細節 - 餐廳旁的彈性空間採用玻璃材質，保留光線通透流動的效果，也讓生活尺度更為寬敞放大。

383

光影勾勒白色梯間的靜謐美

白色樓梯間以三種手法展現冷調燈光的知性與靜謐,並進而利用光影來界定空間。造型天花帶有弧線,呼應了下方的玻璃護欄;從中透出的間接照明則又強化這道曲線,也為整個梯間帶來基本亮度。圖片提供 © 福研設計

- **細節** - 以重點式照明來加強戲劇氛圍,一道光束從天花投射到壁鐘;另一側則由五盞壁燈來打亮牆面,創造視覺張力。

384

暖色光源搭冷色調打造個性氣息

如同東亞地區常見的住宅形式,三樓空間呈現矩形平面佈局,設計團隊以工業風結合閒適居家感作為設計的主要基調,入口門廳以藏青色主牆面,結合牛油果綠的鋼製展櫃、樓梯、木地板鋪面及水泥粉光材質側牆,並以天花板的隱藏光帶照明作為輔助,意圖在極具工業風氛圍的質感基礎上,建立一些材質細膩、色澤多元的年輕、個性化形貌體現。圖片提供 © 竹工凡木設計研究室

- **細節** - 在混凝土原色為主的工業風元素中,加諸以藍、綠色系的混搭,暖色燈光的照明,便能從相對冷調的氛圍中增添溫暖的個性氣息。

385

玻璃燈 vs. 四面鏡大玩光的遊戲

充滿杉木香的衛浴空間,自挑高天花板垂吊而下的一盞 ARTEMIS 吊燈,雖然只是玻璃與黃銅組合,卻提供這個空間無壓力、高質感的照明。設計師在挖空的杉木天花板四周嵌上鏡子,當夜幕低垂,配合昏黃的吊燈,在蒸氣中大玩光的遊戲,無限的溫暖與放鬆。圖片提供 © 尚展設計

- **細節** - 懸掛吊燈的天花板角材需預作結構加強,避免天花板承重出現問題。

384

385

386

造型主燈與嵌燈共營氣氛

原始天花板樓板高低結構，透過天花板轉折手法，化解了視覺落差的衝突感。從客廳轉折到餐廳，除了用牆面材料與色彩變化區隔之外，餐廳配合長型餐桌使用兩盞造型主燈，燈罩上方反射到天花板的光暈，如在天花板上作畫般。圖片提供 © 森境 + 王俊宏設計

- 細節 - 一方面利用嵌燈照明襯托牆面畫作，增添了優雅的氣氛。

387

嵌燈妝點走道，設計燈吸目光

大理石電視牆後是進門的玄關，特意採用柚木皮配合嵌燈做出類似藝廊的走道，並在收藏品的大理石展示檯下方也挖洞藏間接照明，營造氣氛。吧檯上方三盞 Tom Dixon 燈具，是義大利設計師作品，金屬外型相當經典，順勢吸引眾人目光，導引賓客入內。圖片提供 © 奇逸空間設計

- 細節 - 客廳天花上方配置投射燈，部分打亮於經典名椅上，讓傢具成為主角。

388

多層次柔光交織出靜謐氛圍

位於屋內、無對外採光的餐廳，運用天花的嵌燈、間照與主燈，交織出沉穩、閒靜的調性。通往廚房的門以不鏽鋼框架嵌霧面玻璃，其半透光的質感，讓落進廚房的陽光能隱約地透入餐廳。圖片提供 © 大雄設計

- 細節 - 主牆的ㄇ字型框亦於邊緣內嵌 LED 燈，空間中多層次、柔和的光營造出沉穩氛圍。

389

389

局部光提點工業風的神采

現代工業感的客餐廳與廚房,這個開放空間基本上採取了全亮、均質光的照明策略。餐廚藉由流明天花與多盞嵌燈來營造明快感;整體背景則以柔和間照來提供基本亮度。開敞的客廳,兩道黑色軌道造型燈盒貫穿整個天花,線性地劃破這片灰白色平面。圖片提供 © 大雄設計

- **細節** - 內嵌的投射燈聚焦地局部打亮單椅與沙發,在一覽無遺的空間裡提點出戲劇張力。

390

390
投射光源打造如地窖般的幽暗光暈

在喜愛滑雪的屋主要求下，整體空間以地窖作
為設計概念的發想，在展現地窖幽靜氣息的前
提下，捨棄明亮的大型主燈，僅在天花設置投
射燈營造光暈，也能作為牆面壁飾的重點光
源，打亮空間重心。牆面則搭配水霧式壁爐，
更顯溫暖感受。圖片提供 © 璧川設計事務所

- **細節** - 客廳坪數大的情況下，透過可轉換方向
的投射燈讓四周皆有充足光源，搭配 3000K
的色溫，加強視覺暖度。

TAIPEI
NO.21
ANHE
DA AN

391

391

月球燈與鳥型燈具增添幽靜光暈

客廳採用大地色系鋪陳牆面，沉穩簡約的空間透過造型燈具注入活力，茶几上方點綴球型吊燈，點狀發散的光源顯得靜謐柔和。一旁的邊櫃除了有嵌燈的集中照明，也特地裝飾一盞鳥型桌燈，生動靈巧的造型帶來一絲童趣，更添自然韻味。圖片提供 © 演拓空間室內設計

- **細節** - 吊燈採用橡果藝術 LUNA 月球燈，如懸浮般的球體在夜晚帶來療癒人心的暖度。

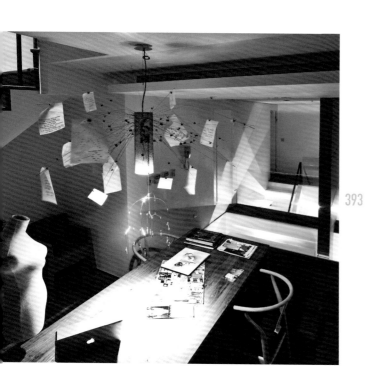

393

392

立體摺紙與造型燈罩增添無窮趣味

在天花平鋪嵌燈太無趣？牆角特地融入摺紙意象，同時藏入燈帶，透過凹折立面與光線反射，讓天花更為立體不單調。而床頭背牆也不甘示弱，巧用木作切割燈罩，仿若渾然天成嵌入牆面，富有層次的照明也讓空間變得趣味無窮。圖片提供 © 演拓空間室內設計

- 細節 - 以木作巧妙做出天花摺角，而背牆的燈罩懸臂則採用鐵件金屬，兼具穩定與可拉伸的特性，讓懸臂更為纖細細緻，視覺更為逼真。

393

玻璃樓板透光，造型燈當隨意貼

造型相當別緻的 Ingo Maurer 品牌吊燈，可
以隨意夾上 MEMO 紙，鐵絲又可以隨意調整
長度，成為工作間裡既實用又有趣的光源。將
二樓的樓板切開部分改以雙層強化玻璃代替
地板，從一樓打上來的光源透過玻璃形成一種
光怪陸離的氛圍，相當符合藝術背景的屋主需
求。圖片提供 © 奇逸空間設計

- 細節 - 當光線穿透紙片時，MEMO 紙呈現如
幻燈片般的效果，也能利用附贈的空白紙片自
行繪圖，就成為獨一無二的專屬吊燈。

394

低調光質映出空間的優雅

風格低斂的客廳，用照明手法來鋪陳空間的優
雅與從容。貼深色木皮的天花內嵌黑色燈槽，
埋設在燈槽的投射燈可隨傢具位置來調整燈
光角度。大天花兩側的通道以間照營造出神秘
氛圍；靠牆的低天花，透過內嵌的一排小嵌燈
來打亮大環境。圖片提供 © 大雄設計

- 細節 - 櫃右方吊櫃底部鑲嵌 LED 燈以凸顯櫃
體；櫃內的每道層板也都鑲嵌感應式 LED 燈，
兼具美感於實用。

395

金屬烤漆搭配投影燈，打造星光景色

專為男性打造的放鬆空間，以 LED 藍色燈管
營造出屋主喜愛的神祕 Lounge 風。臥室的
床頭板弧形沿伸到天花板，內藏藍光，強化線
條感；且表面使用金屬烤漆，加上下面投影燈，
製造出星光熠熠的效果。圖片提供 © 藝念集
私空間設計

- 細節 - 將主臥浴室改為玻璃隔間，兩個空間在
不同色溫的光浴之下，互透區隔。

394

395

396

397

396

玻璃層架夾燈條營造微醺感

從餐廳延伸到客廳的公共空間，天花的嵌燈連結不同空間的燈飾。餐桌上方 Flos 燈飾的 Sky Garden 吊燈，造型相當簡約，內部充滿花園雕飾，呼應整體設計風格。圖片提供 © 奇逸空間設計

- 細節 - 酒櫃部分以黑鏡玻璃層架夾燈條，帶有些許夜店感，適合呼朋引伴小酌一番。

397

簡化照明讓居家日夜各有情調

經過設計師重新規劃格局之後，屋齡 10 年的中古屋，陽光恣意地灑滿全室，白天完全不需任何人造光源的輔助，也因此得以使用深灰、淺灰牆色，夜晚則訴求放鬆、情境的光線，於是搭配壁燈、軌道燈具的運用，讓現代感北歐居家日夜各有不同面貌。圖片提供 © a space..design

- 細節 - 如太陽般折射而出的壁燈光暈，增添空間的表情與氣氛。

398

398

藍光與茶鏡結合，打造另類居家感受

從吧檯下方的照明，到天花板斜角不規則線條的間照處理，藍色 LED 燈貫穿廚房與臥室，為了穩定視覺、襯托質感，立面上使用大量茶鏡，使全室風格達到一致。圖片提供 © 藝念集私空間設計

- **細節** - 考量到廚房料理區的安全亮度，天花板加入 LED 嵌燈提升亮度，並增加居家光彩變化的另類感。

399

俐落光帶勾勒立體輪廓

書房納入科技感的俐落光氛，運用燈帶勾勒天地壁的空間線條，書房輪廓更為立體。同時運用材質加深色彩，在以水泥為底，四周鋪陳深色木皮的空間中，更能展現光與暗的衝突對比，牆面層板搭配嵌燈，營造洗牆效果，也增添視覺層次。圖片提供 © 杰瑪設計

- **細節** - 沿著書房四周將 LED 燈條內嵌地板與牆面，3000K 的暖黃色溫與溫潤木皮相映襯，添加一絲暖調氛圍。

399

情境風格

400

冷暖光源的衝突對比

餐、廚區的室內照明配置兼具功能與氛圍營造，有略帶粗曠質感的金屬燈具，形塑出活潑的英倫工業風氣氛，並且包括壁面的造型相框、畫作與仿舊木紋壁紙的搭配上，讓立面的表情能夠千變萬化，在燈具與軟件的互相呼應中，讓整體空間細節鋪陳出道地的英式風格。圖片提供 © 知域設計

- **細節** - 金屬燈罩的吊燈與英式傢具、仿舊木紋壁紙砌復古質感，映襯出彷若置身於英式酒吧的慵懶放鬆，也打造出歷久彌新的空間。

401

色彩與光影為居家打造 Lounge Bar 氣息

以鐵件材質、濃重色彩與鏡面壁板在明亮的居家空間中打造了深具 Lounge Bar 氣氛的區塊，搭配白色造型吊燈，以及點狀洗牆光，讓色彩在光影的變化中律動，區塊的呈現出層次感，在居家空間中營造獨特的微醺氛圍。圖片提供 © 沈志忠聯合設計

- **細節** - 根據空間做分區的重點照明規劃以及輔助照明，呈現出完整的照明設計。

402

402

Flos 設計燈款，提升主臥質感與氣氛

設計感十足的床頭主牆有兩種光源，一是嵌在
木質背板左右的嵌燈，配合玻璃層架，明亮卻
不刺眼。另一處光源則來自背板上方左右的
Flos 設計燈款，LED 燈泡雖小但亮度充足，
造型輕巧又特別，大大提升空間質感與氣氛。
圖片提供 © 奇逸空間設計

- **細節** -Flos 設計燈管可以調整高低長短，因應
不同閱讀角度，使用上更有彈性。

403

戶外天光烘托玄關自然氛圍

考慮居家的隱密性，於建築外層架起一排霧面
玻璃做適度遮蔽，特別不做到頂，讓天光能
自然流入室內，映照在金屬質感的地坪磁磚，
呼應玄關自然情境；特別於玄關右側，取材屋
主家中狗兒樣貌製成造型燈光，可作為夜燈或
玄關照明使用，其佇立在門邊的身影也隱含著
守候之意。圖片提供 © 界陽 & 大司室內設計

- **細節** - 壁面轉折至天花規劃間接照明，成為玄
關入口最主要的亮度來源，左側搭配筒燈映射
檯面上的展示品，空間富有層次。

403

情境風格

404

霓虹燈成就入門美好端景

將靠近玄關的儲藏室拆除，改為玻璃酒櫃，面向玄關一側的櫃面特地安排霓虹燈，並以法文書寫「美好生活」的寓意，彰顯個人獨特風格，也呼應法國屋主的身份。特地選用黃色光源創造溫暖氛圍，每天入門都能享有好心情。圖片提供 © 璧川設計事務所

- **細節** - 櫃牆設置霓虹燈，同時間隔 20 公分安排灰玻作為隔間，宛如蒙上一層燈罩，更顯朦朧優雅。

405

405

冷暖光源的衝突對比

善用雙層公寓的挑高優勢，樓梯間選用大型燈
具穩定空間重心，也讓視覺更顯大氣。牆面點
綴滑雪勝地 Niseko 的霓虹燈條，成為一道迷
人端景，滿足喜愛滑雪的屋主心願。霓虹燈刻
意選用藍色光源，與室內黃光形成冷暖對比，
創造衝突的視覺感受。圖片提供 © 璧川設計
事務所

- **細節** - 吊燈選用鎢絲燈泡強化工業風格印象，
2700K 的色溫自帶溫暖黃色光暈，為冷硬空間
增添溫暖氛圍。

406

弧形燈帶勾勒立體視覺

在擁有 60 坪開闊優勢的空間中，從玄關、客
廳至餐廚，透過大小不同圓形融入地面與天花
燈帶，如漣漪般層層擴散。天花燈帶強化視覺
的立體感，勾勒出空間線條，也具備主要照明
的實用機能，能引導視覺走向也巧妙暗示區域
劃分。圖片提供 © 演拓空間室內設計

- **細節** - 燈帶以木作塑型嵌入燈條，營造纖細光
感，餐廚的雙圓形燈具則由金屬訂製而成，亮
銀色的光澤為空間注入輕奢氣息。

406

407

復古立燈、吊燈，創造空間層次

在三面落地窗的充足採光下，希望以沉穩率性的形象打造空間。落地式灰色床架搭配古董二手立燈，添入復古韻味，床側則選用玫瑰金與銀色吊燈作為點綴，也是床頭邊几的重點照明。層層安排多變的造型燈具，讓空間富有層次。圖片提供 © 璧川設計事務所

- 細節 - 為了避免躺在床上直視光源的困擾，天花嵌燈安排在空間四邊，像是床尾、床側與走道上，有效避免眩光。

408

漂浮雲朵，展現會心一笑的趣味

以簡約俐落為基調的空間中，主臥採用全白鋪陳，點綴雲朵吊燈裝飾，增添豐富層次，如漂浮在床頭的輕盈視覺，讓人不禁莞爾。而一旁的更衣室採用玻璃隔間，除了達到通透視覺的效果，透光不透視的設計，也讓光線深入每個角落。圖片提供 © 演拓空間室內設計

- 細節 - 選用 3500K 的色溫，不會過黃過白的光源讓主臥更添靜謐氛圍。

409

沉穩木皮與暖黃光暈相呼應

餐廳鋪陳木質天花，改以鏤空的圓形設計讓視覺多了層次，同時選搭玫瑰金圓形吊燈相互映襯，隱約閃耀的金屬光澤不經意流露輕奢質感。四角也加裝嵌燈，打亮整體空間；而兼作工作閱讀的餐桌，吊燈也刻意壓低，藉此強化照度。圖片提供 © 演拓空間室內設計

- 細節 - 天花採用淡雅的栓木木皮，搭配3000K 色溫的偏黃照明，營造溫暖氛圍。

410

點綴光柱燈帶，打造吸睛焦點

通往小孩房的過道上留出一處開放空間，作為家人聚會與開放書房使用。牆面特地添入清新草綠色系，為空間注入活力，同時點綴光柱燈帶打造最吸睛的裝飾，也能作為夜燈指引，小孩在夜晚出入更安全。圖片提供 © 杰瑪設計

- **細節** - 書桌搭配 Normann Copenhagen 的碟影吊燈，甜筒狀的圓柱玻璃與層層交疊的鋼製燈罩，視覺多了生動層次。

411

巨型攝影立燈，添入粗獷大氣

兩戶合併拆除隔牆，串連一整牆的窗景，自然光大量湧入，空間更明亮。除了嵌燈的普照式照明，也特地搭配宛若攝影棚燈的造型燈具，添入粗獷工業質感，成為最具分量的視覺焦點，還有能傾斜旋轉的設計，光源選擇更多元。圖片提供 © 杰瑪設計

- **細節** - 攝影棚燈為義大利品牌 Pallucco 的 Fortuny 燈，如攝影機三腳架的底座，搭配巨型燈罩，顯得大氣非凡。

412

吊燈搭配長形原木餐桌打造北歐質感

用長、寬約 20 公分的兩盞吊燈搭配長形原木餐桌，打造出北歐質感，且兩盞吊燈能夠集中光源，照射餐桌上的各項用品、食物，增加食慾外且創造出全家人放鬆溝通的光線氣氛 ；在左側的餐櫃牆面佐以黑、白、灰三色的磁磚點綴，擦亮空間的視覺新意，也替北歐風注入活潑、耳目一新的感受。圖片提供 © 知域設計

- **細節** - 餐桌上最好使用色溫較低的黃光燈泡，大約在 2500 ～ 2800K 之間，製造出暖色光源，營造成溫暖、愉快、舒適的氣氛 ； 黃光也會讓得菜餚看起來更誘人可口。

413
鋪排深淺跳色，凝聚優雅光氛

沿著入門廊道天花鋪陳格柵，點點光源藏身其中，流露幽遠隱約的光氛質感。而一旁的電視櫃牆特地鏤空，作為屋主藝術品收藏的展示空間，巧妙運用深淺不同的綠色色階鋪排層次，突顯躍動的視覺效果，搭配頂燈投射，讓藝品更顯動人。圖片提供 © 杰瑪設計

- **細節** - 櫃體展示區運用烤漆玻璃鋪陳，輔以光源反射，讓展示區自帶閃耀光澤，讓空間更吸睛。

414
黃銅吊燈，注入輕奢質感

為了遮掩碩大樑柱，分別運用木皮與鏡面包覆，透過鏡面的反射也無形打亮空間、放大視覺。而餐廳特別選用黃銅造型燈具，搭配真皮吊帶吊掛垂墜，在一片沉穩的木質空間中，隱約閃耀低調光澤，為空間注入輕奢氣息。圖片提供 © 杰瑪設計

- **細節** - 餐廳吊燈為瑞典品牌 RUBN 的「Long John」吊燈，如同投射燈的造型可集中光源，能 360 度旋轉的設計，提供多向性的光源輔助。

415
視空間功能性給予適當的光照方式

在視野通透寬廣的開放式空間中，除了以地面鋪設材料的差異性來劃分空間，也可以利用照明手法的不同定義區域分野的效果。希望能保持俐落線性感的客廳區，將視覺的焦點收攏於低奢大器的大理石牆面，捨棄裝飾性燈飾的懸吊，改採嵌入式的嵌燈予以照明。餐廳區域除了裝置嵌燈，亦設計了如光盒子般的間接光照明，可供屋主根據情境需求切換照明方式。圖片提供 © 大名 X 涵石設計

- **細節** - 金屬電視櫃檯面下方亦設計了低調的光帶，使金屬質感更加亮眼，整體視覺有著被抬升的效果，夜晚時也能作為輔助照明以及引路的光源。

416

洗牆光暈，營造幽遠寧靜

為了突顯大面窗的遠山綠意，鋪排從天花延伸至牆面的深色木格柵，特地將玄關色調壓深，牆面光源向上向下投射，發散的洗牆效果增添幽暗寧靜的氣息。整體由暗至明的過渡轉折，營造豁然開朗的視覺效果。圖片提供 © 杰瑪設計

- **細節** - 轉角隔屏除了藝品的投射燈，下方也增設照向地面的光源，光暈在地面擴散柔化視覺。

416

417

鋼構吊燈點綴，沉穩中散發輕奢質感

格柵天花一路延伸至牆面，餐廳背牆與餐桌皆選用同色調的木皮，打造統一的沉穩視覺，而餐廳也刻意選用深色鋼構吊燈映襯，藉此壓深整體色調，營造強烈的明暗對比。長形燈具的造型也具份量，有助調和空間比例。圖片提供 © 杰瑪設計

- **細節** - 金屬鋼構吊燈隱約閃耀的光澤增添層次，注入沉穩輕奢的氣息。

417

418

點狀光源烘托一室溫馨

位在客廳與廚房之間的餐廳，傢具陳設散發迷人北歐風格的餐桌椅，上方垂墜一盞黑色簡約優雅吊燈，以點狀情境光源凝聚餐廳視覺焦點，白天映著窗外天光極為舒適愜意，夜間以軌道燈為主要照明，軌道燈靈活度高，即使改變餐桌位置亦可調整投射角度。圖片提供 ©ST design studio

- **細節** - 黑色吊燈懸掛於軌道燈上，若餐桌移動也能調整懸掛的位置，廚房天花上方則增加嵌燈，給予料理區域足夠的照明。

418

情境風格

419

光纖燈打造抬頭的滿天星空

粉色系的兒童房，空間裡除了床鋪還有設置學
習書桌。充沛的自然光和天花板的嵌燈為臥房
全區的主要光線來源，此案還特別設計光纖燈
鑲在天花板中，讓晚上關燈時能彷若看見一片
星空在頭頂上照耀著，創造出童趣感；床底下
也貼心藏有間接照明燈，光線除了能夠加強照
明，當晚上小孩需要上廁所時，在下床後可以
避免發生跌倒的危險。圖片提供 © 知域設計

- **細節** - 藏在天花板的光纖燈也叫做星空燈，可
以依照喜好與所需要的情境調整為黃、藍、白
等顏色，營造出夜晚星空的變化多元與豐富。

420

聚光燈凝聚餐桌上的溫度

開放的客、餐廳空間，餐桌搭配聚光燈造型
排列的長型吊燈，黑色線條點綴些許的金屬，
金屬質感呼應了整體的現代時尚，3000K 的
黃光形塑出空間中的溫暖，燈光的亮度還能自
行調整，營造不同氛圍，而當這盞燈亮起時，
也建構了屋主一家人最溫馨的用餐時光。後方
進入臥房區的門框，採間接照明的光帶處理，
讓燈光整體更延伸至公、私領域，打破制定的
空間框架。圖片提供 © 知域設計

- **細節** - 長型吊燈搭配的比例以不超過桌子長度
的 2 ／ 3 為原則，散發微黃光線的極簡設計，
讓用餐空間深具現代感，又不失溫暖。

421+422

鋪排光暈層次，打造轉角端景

細心在玄關與餐廳轉角鋪排光暈層次，玄關
運用摺紙意象拼接石材，搭配頂燈投射藝品，
成為美麗的入門端景，打向地面的光源則是為
夜歸家人留下一盞暖光。而餐廳書牆採用跳色
層板，映襯內嵌光帶的俐落線條，展現躍動視
覺。圖片提供 © 杰瑪設計

- **細節** - 搭配 3000K 色溫的暖黃光暈，柔化白
色大理石的清冷質感。

421

422

423

穹頂天光，復古弧形天花佐以間接照明

既現代又具有莊嚴氣質的玄關區，利用鏡面材質的反射原理，使視線得以向外延展，有效地擴大了空間感。以懷有復古調性的弧形拱門為靈感，設計了拱門狀的天花，並以間接光的方式讓光溫柔的灑下，有如穹頂一般，利用局部的巧思昇華了空間的氛圍。圖片提供 © 大名 X 涵石設計

－細節：色溫對於氛圍的營造而言，能起到關鍵的作用。通常偏白的色溫會使人感覺較為冷冽，偏黃的燈光則能帶來溫馨之感，但若希望使氛圍柔和，會建議選用介於 4000 ～ 4500 K 的中性光。

424

425

424+425
以燈帶打造宛如流星劃過的天空

延續客廳的沙比力木皮再搭配壁紙，混搭出高級船艙的質感，臥房為休息睡眠的空間，天花板若是加裝過多的直接照明，會讓長時間待在裡面的人出現畏光症狀，於是設計師僅為屋主在天花板上設置一個嵌燈與燈帶，使得光線不刺眼眩光，若睡前習慣閱讀或滑手機，只要將床頭壁燈轉向即能擁有足夠光源，保護眼睛視力又美觀。圖片提供 © 開物設計

- 細節 - 以弧形燈帶搭配鍍鈦收邊條讓空間即使不開燈，也別具風格，燈光色溫為 3000K，營

情境風格

426

懂得用光說故事，讓家充滿戲劇張力

從玄關走進客廳，印入眼簾的是藍色天花板，順著立面而下的是紅色絲絨布幔窗簾，再來是綠色的沙發，以及像鼓一般的茶几，彷彿這是一個隨時期待著演出的空間。屋主是位 30 歲出頭的投資人，除了投資本業外，還是位演舞台劇演員，因此對於劇場式的舞台氛圍相當著迷，渴望家中也有個區域能展現自己的表演欲望。有別於一般常見大面積的天花板佈燈，本案反而使用洗牆燈與嵌燈散布在四周，讓空間更引人遐想。圖片提供 ⓒ 開物設計

- **細節** - 深藍色天花板吸收光源，周遭則用大量壁燈、投射燈、嵌燈、立燈、LED 燈等間接照明，當作空間主要燈光來源。

427

運用不同形式的燈光增加空間質感

由於設計師希望在客廳營造中古世紀的劇院氛圍，因此天花板少用結構性照明燈，給人的視覺感受偏暗，轉而使用壁燈、投射燈、嵌燈、立燈、檯燈、LED 燈等間接照明，其中更選用 Delightfull 經典的 Botti 立燈，以手工打造出銅管樂器的細節，不僅增加空間質感，還讓舞台更有戲劇張力。圖片提供 ⓒ 開物設計

- **細節** - 以 LED 燈條作為客廳表演舞台的外框，另外也當作各區域通道的拱門情境燈，彷彿穿越拱門後可以進入另一個世界。

428

弧形燈罩暈染溫暖環境氛圍

簡約俐落的空間框架下，利用色彩的配置點綴家的個性，餐廳區域主要光線來自於天花間接照明，給予基礎光源，餐桌上方懸掛的燈具造型，以弧形片狀為設計，從側邊同樣也能透出暖黃光線，讓用餐的環境氣氛更溫馨。圖片提供 ⓒ 實適空間設計

- **細節** - 廚房隔間更換為清透玻璃拉門，爭取更多的自然光線，也讓空間更形開闊寬敞。

428

429

429

柔和光氛，強化廊道視覺律動

在貫通三室的長廊上，為了避免過於單調，書房改以圖騰玻璃區隔，引入充沛自然光，同時巧妙佈局藝品展示空間，增添廊道的律動變化。運用投射燈照提亮藝品，打造吸睛焦點，搭配向下光暈的洗地效果，裊裊光氛悠然其中。圖片提供 © 杰瑪設計

- 細節 - 暖黃的 3000K 色溫為空間注入暖意，呈現溫和舒心的光氛效果。

430

以間接燈光強調空間氛圍

白天的客廳光源來自於窗外自然光，以白色紗面窗簾引進柔和日光，透過拱形的窗框，試圖營造海上航行的有趣視覺。夜間採光相對微弱，天花板不設置大面積直接照明，反而採用間接重點照明，以檯燈、閱讀燈、投射燈、壁燈營造空間氛圍。電視牆旁的 2000K 壁爐裝飾燈為夜晚的景致添增燒柴的復古情懷。圖片提供 © 開物設計

- 細節 - 從底部壁爐打光，再經由直紋玻璃折射出一條條光線，變成如同火焰般的照明感受，並且置放假木炭，營造燒柴取暖的氣氛。

431

以漁船燈概念挑選餐廳吊燈

屋主的這個家是他航海過程中的休息中繼處，設計師以海上行船的概念來規劃，從大門入口迎面而來的是大片鮮明海水綠屏風，彷彿開始進入航行般，令人心生雀躍。餐廳吊燈為鍍鈦與玻璃罩結合而成，營造漁船燈效果，值得注意的是，選擇餐廳燈具時除了需要注意照射角度和色溫之外，為了讓食物看起來更加美味，可以在天花板上裝設吊燈以外的投射燈光源。圖片提供 © 開物設計

- 細節 - 餐廳選用 3000K 的吊燈，同時為了呼應船屋主題，設計師特地選擇如同漁船燈般的燈具，讓空間更有視覺層次感。

430

431

432

432
以空氣泡泡燈作為空間視覺亮點

規矩方正的格局，讓人感覺視野開闊，設計師以均衡、雅潔的量體形式，希望延續開放展延的通透感，讓各角落的大面色塊勾勒出空間的立體感。本案從材質選用到空間設計都相當大器，全室的木頭材質皆為原木，地板以柚木地坪作為基底，並用鍍鈦勾邊，交織出寧靜而雍容的氣質。設計師特別將收藏已久的名牌空氣泡泡燈用作餐廳吊燈，讓空間更有趣味感。圖片提供 © 開物設計

- **細節** - 以屋主的身高高度搭配天花板高度來挑選餐廳吊燈，讓屋主用餐時只會感受到燈光照射卻不感覺刺眼。

433+434

月亮壁燈暈染柔和浪漫氛圍

主臥室原始即擁有連續面的開窗，黑色百葉窗的搭配增加隱私感也保有自然採光的挹注，床頭後方既有的壁掛式空調位置，巧妙局部封閉留下一道圓形開口，彷彿一輪明月高掛般，對應的一側主牆則回應此造型，配置台灣品牌 Xcellent Design 名為新月的壁燈，由壓克力透出的柔和光源增添臥房的浪漫氛圍。圖片提供 ©ST design studio

- **細節** - 臨窗書桌照明設計，由於天花上方為採光罩，為隔絕下雨天的吵雜聲響，天花板內配有隔音材，因此不適合再規劃嵌燈影響隔音效能，於是利用 LED 串燈直接裝設於天花板，提供足夠均勻的亮度。

435

貝殼吊燈閃爍溫暖光澤

因應屋主時常邀請好友舉辦小型聚會，打開光線的餐廳區域，特別利用大理石紋長桌，搭配多張經典名椅共譜餐敘時光，在純白空間背景之下，選搭丹麥設計師 Verner panton 的 Fun 系列貝殼吊燈，一片片蘊藏珍珠透光的金屬圓片，隨著不同時間的光線映照、微風輕搖，閃爍著粼粼波光，點綴溫柔的光澤，創造出獨有的詩意與寧靜。圖片提供 © 甘納空間設計

- **細節** - 利用鐵件格牆一併嵌入兩盞大理石基座的圓形壁燈，溫暖光線提供夜晚廊道指引的氛圍照明，石紋材質亦與長桌相互呼應。

436+437

高低燈具、形式形塑光影層次

相較於公共廳區的綠色調，主臥床頭刷飾深藍賦予沉穩寧靜的氛圍，兩側刻意懸掛吊燈、壁燈不同形式的燈具，讓畫面更為活潑，黃銅金屬燈罩亦提升精緻質感，對應的更衣、衛浴入口巧妙以格柵立面隱藏，上下投射溫暖黃光的壁燈，成為夜間指引的輔助照明。圖片提供 © 甘納空間設計

- **細節** - 格柵立面、門扇具有隱約透光的作用，除了活動型燈具，天花亦配置多盞嵌燈，提供基礎照明使用。

438

嵌上 LED 燈條，暈染出不同的視覺層次

衛浴鏡子後方嵌上 LED 燈條，拉開鏡面和牆面的距離，燈光在淺灰色大理石上暈染出不同的層次，建構和延展出空間視覺的迴圈，使簡單的空間有了豐富語彙，此外，透過牆面折射的光暈，可以柔和地照在臉上，也方便於梳妝打扮與記下自己美好的樣貌；燈光與整片的鏡子中也反映石材的紋路，讓整體衛浴空間呈現代感又不失華麗的氛圍。圖片提供 © 分子設計

- **細節** - 衛浴空間如果立面到地面都採白色磁磚牆，則建議間接燈光照明使用暖白色光源，才不會過於死白，另外燈具挑選上，最好能具備防水、散熱及不易積水等特性。

439

清透吊燈襯托背景更具層次

23 坪的一房格局，透過敞開的牆面引入不同光源，為降低天花板上因為大樑造成的視覺壓力，將樑改以線板層層堆疊，修飾垂直銳角、達到柔和的效果，一方面沿著樑的兩側施作軌道燈，提供基礎足夠的夜間照明使用，餐吊燈則為了映襯黑色廚具背景，特意挑選清透的玻璃材質，讓空間產生層次景深。圖片提供 © 甘納空間設計

- **細節** - 除了餐吊燈之外，餐桌上方亦配置筒燈，給予向下投射的直接照明，創造明亮的空間感，而餐吊燈主要是作為情境氛圍輔助。

並非所有的居住環境都是完美無缺的，但若能巧妙運用各種照明手
法，例如利用天花層板與照明的設計，化大樑於無形，或是轉換為
空間的一部分，面臨沒有光線的空間，以天花的造型搭配燈光，也
能創造出如自然光的錯覺效果，將缺陷修飾成亮眼的特色。

修飾空間

440

間接照明修飾大樑的存在

電視牆上端遇有大樑的存在，也可於牆面上
方規劃間接照明，淡化牆緣、大樑相連的視
覺感受，同時也能更加襯托電視牆面的特色。
圖片提供 © KC Design Studio 均漢設計

441

向上打光消除大樑壓迫感

當大樑尺度較大，也不想包覆壓低空間感，亦
可採取裸露大樑結合燈光的方式，爭取空間
的平頂高度，並別出心裁地利用實木格柵條
包覆大樑，中央鐵製凹槽內藏燈光向上打燈，
也能有效消除大樑的壓迫感，讓空間更輕盈。
圖片提供 © 隱巷設計

442

格柵天花結合燈光，創造室內的陽光感

經常遇到浴室沒有對外開窗，就算空間再大
也難免讓人覺得陰暗潮濕，可以在淋浴間的
天花板上做格柵，讓燈光從格柵上方向下照，
營造出有如陽光照射般的光線，讓人在淋浴的
同時，享受有如沐浴在陽光下的舒適。圖片提
供 © 沈志忠聯合設計

443

天花整合立面、燈光隱藏大樑

修飾隱藏大樑的做法有許多，一種是結合立面
創造特殊的天花造型，同時利用木作的層次之
間安排層板燈，讓樑完全消失，而燈光也因為
造型的關係變得獨特。圖片提供 © 界陽 & 大
司室內設計

444

降低裝飾 plus，明亮燈光讓空間放大

小坪數的浴室不做太多裝飾與複雜的天花燈
光設計，以半高淋浴牆與浴簾降低視覺的阻隔
性，再利用嵌燈做照明，讓空間明亮減緩壓迫；
鏡櫃下也能適時加入打光，方便日常照明使
用。圖片提供 © 實適空間設計

440

441

442

443

444

445

445

燈帶 2D 轉折延伸，降低量體存在感

位於書房區臨窗角落的收納櫃其實內藏建築粗柱，透過木工包覆、塑型，讓圓弧造型呼應另一側的木色收納量體，空間視覺不再呈現呆板方正樣貌、而是生動的波浪造型。包柱作法雖然將粗柱體充分隱藏起來，但畢竟還是占據一定體積，利用漆白方式成為天花延伸，加上燈帶穿越其上，盡可能弱化量體壓迫感。圖片提供 © 新澄設計

- 細節 - 利用發光燈帶的 2D 轉折加上同樣的漆白手法，讓視覺產生延伸、同化的錯覺，降低隱藏柱體的收納櫃在空間中的存在感。

446

木質天花搭配燈光照亮動線

改善原先的不流暢動線，將餐廳位置挪移，劃出廚房與書房前方的走道空間，而針對頂上樑柱的問題，則不封天花板，保有垂直高度，改以木質修飾局部天花板搭配軌道燈光照明，弱化樑的突兀，讓整個空間既保有垂直的空間感，並透過燈光的延伸，延展且照亮廊道動線。圖片提供 © 澄橙設計

- 細節 - 為了盡可能保有天花板的高度，選擇加深軌道凹槽，以 25 公分深度讓燈深藏於溝縫之中、與天花平面齊平，營造俐落的視覺感受。

446

447

448

449

447+448

依傍牆面而生的礦石燈，獨一無二巧奪天工

除了現成的、加裝的燈飾，燈飾本身是否可以是空間最渾然天成的一部分呢？源原設計反思此問題，進而發想出此獨一無二的臥房礦石壁燈，刻意使牆面局部內凹，並精心打造了仿銅礦外觀的燈具，無縫的嵌入其中，意圖營造一體成型、傍地而生的視覺感；另一方面，利用牆面內凹自然形成的厚度，重新定義了床頭板區域，嘗試摒棄制式的床頭板加裝設計。圖片提供 © 源原設計

- **細節** - 壁燈除了裝飾作用，也必須具備實質的功能性，源原設計採用1瓦的亮度，使其可做為小夜燈使用，避免半夜開啟時過於刺眼，導致屋主難以再次入眠。

449

溫暖黃光營造懸空感，化解架高突兀

在木紋搭配白色調的空間中，特別以木材質架高特定區塊，以預留空間為他用並兼具座椅功能。然而，地面突然出現高低差總難免突兀，於是在架高木地板下方設置帶狀燈，溫暖的黃光讓區塊飄浮起來，以視覺上的懸空感「解釋」了高度不同的問題。圖片提供 © 無有建築設計

- **細節** - 溫暖的黃光還可為夜晚時分增添氣氛，以及兼具小夜燈指引的作用。

修飾空間

450

451

450+451
格柵燈條隱藏線條設計語彙

樓梯運用實木材質，結合金屬鏤空元素安排，展現輕盈細緻感，底部以金屬收納櫃為基底，流露出些許時尚奢華感，且滿足生活實用需求；而梯下特別設計一道仿石紋石磚的隱藏式梯板，可拉出讓長輩能夠自在上樓。從樓梯轉折過來的特殊牆結合鍍鈦條，加上二樓走道下方利用檜木格柵，將燈條錯落排列隱藏在格柵裡，只有開燈時才能看見有趣的燈光創意。圖片提供 © 賀澤設計

- 細節 - 樓梯踏板扶手、天花板、牆壁修飾皆為線條設計元素，從檜木格柵、鍍鈦條、鐵件扶手等材質運用與燈光配置，相互呼應線條一致性。

452

厚樑侷限，分區照明使用更靈活

客廳受限於建築本身超過 80 公分的粗厚樑柱，天花採用層層堆疊的線板天花巧妙修飾，將壓迫感化於無形。這裡除了依靠對外窗的自然光照明外，天花嵌燈搭配沙發上頭可愛造型軌道燈，以及臨窗處的閱讀壁燈，確保每個局部空間都能獨立使用、擁有充足亮度。圖片提供 © 理絲設計

- **細節** - 因為厚樑必須用線板以漸層微調、修飾關係，得盡可能維持樓高、保證舒適度，燈具裝設方面採分區處理，省去主燈，以嵌燈、壁燈、軌道燈為主要方式呈現。

453

T5 燈帶穿越餐廚區，減輕橫樑壓迫感

開放式餐廚區共同分享空間感與光源，藉由吊燈、間接光、嵌燈、T5 燈帶等多種不同照明方式，賦予機能場域能因應不同需求、調節出最適合的明亮度。舊木桌板結合白色中島，一旁採用硅藻土塗覆壁面，揉合出自然、清新的視覺畫面。圖片提供 © 方構制作空間設計

- **細節** - 中島檯面上方橫亙大樑，設計師利用 T5 燈帶穿越壁面與天花，運光線特有的輕盈感，為此區減輕視覺負擔。

454

寧靜光源勾勒出層次豐富且空間多元化的整體設計

整體空間設計運用了許多不同的相異材質做了完美結合，也巧妙地運用差異性劃分出區域的功能性，像是自入口玄關便是由一大面透著金屬絲光的不鏽鋼牆面與留有時間痕跡的粗獷石壁展開，劃分了通往客廳空間的灰色地帶，除了材質的運用，設計者也在其中嵌入了間接照明，光源靜靜的透出，勾勒出層次豐富且空間多元化的整體設計。圖片提供 © 近境制作

- **細節** - 光源投射至櫃體再向下映照出來，有拉提、擴張空間的作用，能讓視線再往下、往兩旁延展開來。

455

455

釐清功能與目的性，配置光源照明方向

入門的玄關區需要足夠的照明，因此該區光源由柱子延伸至天花，具有 N 字型轉折，並且為向下照耀之光源，不僅可提供基礎照明，也可以修飾樑柱。另一方面，源原設計以黑色溝槽設計，弱化位於客餐廳之間的樑柱的厚重感，同時將壁燈與此溝槽合而為一，於溝槽中採取斜面設計，光源順著該斜面往上照射，滿足了公領域需要壁燈提供情境照明的需求。圖片提供 © 源原設計

- **細節** - 一反額外選購壁燈並且加裝於空間的設計思維，利用樑柱的厚重與堅固性，在不影響結構的前提下，適度的預留空間嵌入壁燈，刻意使光源向上照耀，避免光線直射入眼。

456

用純白將燈具、吧檯、樑柱整合為同一量體

在長型起居室的中段部分，無論是高度或寬度都遭受厚樑、粗柱影響。設計師於此處選擇同樣純白的人造石材質組構吧檯，令視覺自然延伸、消弭障礙於無形，彷彿那柱子就像原本就該在的一堵半牆一樣。而橫樑部分則懸掛造型吊燈，加上吧檯跟餐廳同樣屬於坐下使用的特性，降低高度也很合理。圖片提供 © 理絲設計

- **細節** - 燈具外觀採用白色粉體烤漆延伸白色視覺，令吧檯與樑柱在視覺上成為同一量體，金銅色的內緣則隱隱呼應一樓燈具，透露室內空間連串的裝飾語彙。

456

457

458

459

457

埋入式軌道燈照出自由角度

考量客廳的大樑過低,因此利用沙發上方天花板凹槽加設洗牆燈光,一來可讓光線由至高處照出,營造較高屋高感,也消弭大樑過低的感覺;未來沙發背牆可掛畫裝飾,洗牆光則可給予充足照度。另一方面,客廳天花板上選擇以雙排軌道燈取代主燈,可更自由地選擇光源聚焦處。圖片提供 ⓒ 和和設計

- **細節** - 由於屋內天花板較低,在施工時特別採用埋入式軌道燈,可以避免因軌道本身的厚度而使得天花板與燈光更低矮,產生壓迫感。

458

環繞式光源增加高度與明亮度

空間坪數不大與天花板過低的問題,是整個空間設計上特別需要改善的重點。因此,除了運用大量白色系設計外,並在天花板的四周以環繞式的間接燈光輔助,以便讓空間有舒張高度的效果。圖片提供 ⓒ 摩登雅舍室內裝修設計

- **細節** - 同時在餐桌上方則運用北歐風格吊燈來增加設計感,可隨意調整方向性的燈光,不僅增加空間明亮度,也提升生活的趣味性。

459

深邃黑帶結合燈光拉升屋高

在東方為體、西方為用的精神下,讓這 121 坪的大宅展現出一窗一景皆如畫的迷人風采。其中,開放公領域中以東方色彩搭配一整排折門設計,展現通透卻有序的現代空間感。折門左側以大理石做 3D 圖騰鋪設地坪,搭配天花板黑色底飾的燈光設計,上下呼應地界定出玄關與長廊,為百坪大宅營造不凡氣韻。圖片提供 ⓒ 森境 + 王俊宏設計

- **細節** - 原本大樑處因長廊意象的設計而消弭壓迫感,降低的天花板也因深邃感的黑色帶與燈光產生升高效果,並於內部整合管線、化繁為簡地成就大宅質感。

修飾空間

460

461

460+461
造型燈飾相佐，豐富視覺感官

挑高的客廳與開放式的中島延伸了空間視覺上的深度與廣度，設計者在此區用了異材質與跳色，並有傢具傢飾、造型吊燈、立燈相佐，為整體空間設計增添了不少活潑的氣息，不僅創造了感官的豐富度，更使得環境氛圍達到沉穩又有生氣的美妙平衡。圖片提供 © 近境制作

- **細節** - 此區色調偏中性，設計者特別搭配金屬色系的燈飾，用色彩再創一視覺亮點。

462

462

多種燈光妝點空間層次

設計簡潔的現代空間中，將燈光作為妝點空間的亮點，除了一般間接照明、大型落地燈、可愛而簡潔的餐桌吊燈，大片的造型牆上，則加入兩盞設計師自行設計的壓克力燈，巧妙運用玻璃和壓克力的折射性，讓它側看為僅是簡單的透明體，正看卻是燈光，創造多元視覺感受，也使空間的層次感更為明顯。圖片提供 © 隱巷設計

- 細節 - 餐桌吊燈上方搭配鏡面材質作為反射，具有拉高空間的效果。

463

463

餐廳、客廳合一共享光源，化零為整

利用柚木原木大型人字拼作為地坪，搭配雞翅木與壁布作為立面主視覺，除去繁雜的門洞線條，以開放手法將空間化零為整，創造綿延流動的環境氣息。設計師為了營造明亮均質的照明效果，在客廳適度設置嵌燈與投射燈，不僅能提升情境氛圍，還能讓天花板維持平坦簡約的風格，有助於突顯空氣泡泡燈的獨特性。圖片提供 © 開物設計

- 細節 - 若是要設置全新嵌燈前，可參考各型號嵌燈所建議之天花板開孔尺寸，建議選擇開孔小的燈具，讓天花板整體視覺維持簡潔。

464

464

間接白光勾勒護欄的剔透線條

獨棟大宅的屋主希望在家也能享受酒吧的時尚與浪漫。設計師在通往吧檯的廊道與梯間運用少量元素再搭配燈光，構成一條光影綽約的動線。白色樓梯扶手搭配透明護欄而構成清透的意象，扶手底端埋藏 LED 燈，投射在護欄的光線映出玻璃的透明度與表面的雕花圖紋。圖片提供 © 福研設計

- 細節 - 轉角壁燈則朝上打亮，勾勒出整個梯間的空間感。

465

至高處光源修飾畸零樑線

由於空間位於頂樓，明顯可見屋頂結構大樑因斜面天花板而有不規則陳列，同時局部屋高過低也造成空間較難利用的問題，因此決定將此規劃為視聽室。為消弭大樑問題，巧妙運用樑邊畸零處做燈光配置，讓光源從高處照出，也讓天花板與樑結合成大型燈具。藉此讓發光處轉化成空間的至高點，成功拉升屋高來修飾空間比例。圖片提供 © 森境＋王俊宏設計

- 細節 - 沙發旁的側牆上設有展示層板與燈光，除了可裝飾空間，也能轉移對天花板的注意力，層板下方的線性燈光也具有輔助照明作用。

466

環場光芒照亮低奢黑色天棚

為了讓一家三口能更融洽無距離相處，首先將 40 坪室內格局由三房改為二房，而客餐廳則採合併開放設計，同時將電視牆與餐桌區上方的大樑結合空調管線作包覆天花板設計，接著在天花板配置洗牆燈光，從玄關沿餐廳到私領域的環場光圈轉移了低天花板的壓迫感，搭配金質吊燈與嵌燈設計，更顯低調奢華。圖片提供 © 森境＋王俊宏設計

- 細節 - 餐桌上方的天花板選擇以漆黑色木作，低反光的表面質感在燈光映照下，隱約倒映了牆櫃與餐桌影像，讓也減緩天花板的量體感。

467

外凸無框盒嵌，保留天花板高度

此案為老屋翻新，由於地面距離天花板的高度較低，大約只有 260 公分，而決定使用外凸無框盒嵌的方式來設計照明，以木作的盒子包覆嵌燈，同時保留天花板的高度。圖片提供 © 奇逸空間設計

- 細節 - 電視牆上方運用 LED 燈條來做間接光源，左半部的藝術品展示櫃同樣也是在櫃體內層板藏有 LED 燈條，烘托出工藝品的質感。

468

469

470

468

分散式照明化解低矮的尷尬

老公寓樓高僅 2.4 米。為爭取立面高度，捨棄了將照明集中在天花的傳統手法，採用「整體照明分散」的策略，將照明設備分散到牆面、地板與櫃體內。如此一來不僅可增加視覺層次，並能清楚區分機能用與情境用的照明系統。圖片提供 © TBDC 台北基礎設計中心

- **細節** - 天花吊掛一道由金屬與木作訂製的 L 型燈槽，內嵌 LED 燈；非均質的局部燈光為餐桌與中島帶來明暗有致的基本亮度和層次分明的空間感。

469

櫃體間接照明為空間加添輕盈感

開放式的空間裡，客廳、餐廳和書房連成一氣、一覽無遺。因右側有窗戶提供充足的光線，設計師把照明的重點擺在左側，除了天花板的嵌燈外，在櫃體上下兩側設有間接照明做為空間主燈，不但可以讓櫃體看起來更輕盈、不厚重，更為空間氣氛加分。圖片提供 © Partidesign Studio

- **細節** - 清爽的木質基調居家，餐廳搭配白色俐落吊燈，營造簡約舒適的氛圍。

470

用間接照明化解橫樑問題

客廳的橫樑是此空間的首要考驗。利用木作以漸層方式層層包覆，其中設置 T5 燈管的間接照明，以光線化解窄迫的橫樑議題，進而成為空間的特色之一。圖片提供 © 德力設計

- **細節** - 間接高度控制在 10 ～ 12 公分，並捨棄非必要的遮板，兼顧燈管的照射以及後續的維護。

471

燈作為照明之外的空間點綴

順應鋼構建築頂層的斜屋頂設計，梯形幾何造型的窗台與斜角設計也延伸至天花板，搭接出一個傾斜、圍塑的木纖板天花皮層。在客廳與起居室中央，幾何斜角的房門，具有斜角紋理的壁磚等，搭配球型燈飾以擺放、鑲嵌與懸吊等不同姿態錯落於住宅室內，作為點綴空間的獨特建築語彙，最終建構一個活潑、靈動的生活空間對話場域。圖片提供 © 竹工凡木設計研究室

- 細節 - 以發光燈飾作為藝術陳設品，有著平放、垂吊、懸掛等多種不同姿態，結合登記有的機能與鄰近室內開孔的窗框設計，創造出豐富多彩的空間。

472

光在材質介面之上的創造

與起居室僅一「窗」之隔的客廳同樣以白色為基調，室內窗以長虹玻璃為基底的推拉門作為中介，需要大面積使用時推開窗，僅作個人使用時闔上，屋外光線也可輕易地透過中介穿透近來，同時還保有模糊的隱私性。另一側牆面則以深灰色收納櫃體為主角，看似平凡的櫃體門片中蘊含驚喜，打開或可見展架擺飾，也可見小型洗手檯隱藏其中，搭配多彩的水磨石牆面與投射燈光，打造如同隱藏在收納櫃中名畫的瑰麗效果。圖片提供 © 竹工凡木設計研究室

- 細節 - 以具備線條分割的長虹玻璃為素材，讓光線穿透中介之餘也保有隱私感，隱藏收納櫃內的投射燈光，則可結合壁面材質創造藝術品般的效果。

473

L 型光帶打造寧靜沉穩的空間感

臥房的隔壁就是衛浴空間，由於衛浴沒有對外的開窗容易陰暗，設計師特別將牆面上方以玻璃做為隔牆，讓臥室的燈光可以透入，使衛浴更明亮。臥房的主燈是玻璃牆下方 L 型的光帶設計，線性的照明低調沉穩，具有洗牆效果。圖片提供 © 沈志忠聯合設計

- 細節 - 光帶的線性照明還能讓兩個不同材質的牆面更加突顯，展現虛實互現的空間美感。

474

間接燈帶弱化樑體

床頭有樑的情況下，天花與樑之間留出間隔，搭配光源形成帶狀的間接照明，弱化樑體厚重視覺，也成為臥室的主要光源。同時以灰色系統板材包樑，將樑體消弭於無形。而床側邊几搭配桌燈，作為輔助照明，方便睡前閱讀。 圖片提供 © 璧川設計事務所

- **細節** - 天花選用色溫 4000K 的 LED 燈帶，介於黃光與白光之間的光源，讓空間不過於昏黃，也能保有臥室的靜謐氛圍。

475

天花、樑下嵌燈條，修飾結構打亮書櫃

屋主是一對熱愛閱讀的教授夫婦，不需要客廳，希望家可以足夠的明亮，也想要空間越高越好，雖然屋子本身高達 310 公分，然而卻面臨許多大樑結構，捨棄包覆儘可能地保留原屋高，因此設計師於樑下嵌入燈條，樑以上大量地留白，讓視覺焦點落於樑下，自然可削弱樑的存在感。圖片提供 ©ST design studio

- **細節** - 書櫃前端以軌道燈提供主要照明，局部包覆的天花板內同樣嵌入燈條，將視覺引導至有著特殊薄荷綠顏色的書櫃量體，成為空間亮點。

修飾空間

474

475

227

476

利用照明讓缺點變優點

原本客廳和廚房的天花板上有大樑,而且廚房
較低矮,和客廳的天花板形成高低落差。為了
修飾這兩個缺點,設計師特別在樑下打造木作
天花板並延伸到廚房,讓二個開放空間的高度
一致。並且在天花板上方設置長條型光溝式照
明,造型獨特又呼應客廳與書房的整體設計。
圖片提供 ⓒ PartiDesign Studio

- 細節 - 餐廳搭配一盞黑色吊燈,達到畫龍點睛
的效果。

477

嵌燈縱橫交錯,輕化玻璃屋質感

在挑高空間裡的主燈,光線略嫌不足,同時配
合玻璃屋的設計概念,另外在樓板、樑柱的縱
向及橫向切面埋設 T5 燈管,順勢延伸至二樓
的天花板,大大提升空間的明亮度與輕盈質
感。圖片提供 ⓒ 奇逸空間設計

- 細節 - 利用樓梯扶手嵌進 LED 燈,既做為照
明,同時也指引路徑,讓樓梯成為有如雕塑量
體般。

478

出其不意的燈光佈局，
巧妙修飾空間缺憾

此玄關區在有限的空間內，本身便具備逃生
出口、鞋櫃等多重功能，因此有門片數量無
法刪減，且樑柱笨重而無法挪動位置的缺憾，
為了解決門片數量過多導致視覺俐落度不足
的問題，源原設計不僅採用了隱藏門設計，
並且將門面以及壁面的的塗料色統一，保留
其塗抹的筆觸使其有一體成型的錯覺；此外，
於樑柱嵌入鋁擠型燈條，製造燈光從牆縫迸出
的視覺效果，使人入門便感覺別有洞天。圖片
提供 © 源原設計

- **細節** - 嵌入樑柱的燈條成功的轉移了甫入門的
注意力，誘引人忽略樑柱與門片的存在，轉而
探究此光帶存在的意義。

479

修飾樑柱又營造反射光源

為了弱化與修飾廚房上方的樑柱，設計師採取
斜面切割樑柱，並在上方裝設間接照明燈具，
讓白色的天花板與樑柱因高低不同的光影富
有層次感，正上方頂端的三個嵌燈，反射到黑
色烤漆玻璃上，將光線的來源延伸的更寬廣。
圖片提供 © 杰瑪設計

- **細節** - 流理檯與客廳間的開放式設計，讓客廳
的光源可以透進廚房，讓料理時光源更加充足。

修飾空間

481

480

讓架高的廁浴空間飄浮起來

老屋翻新時，發現許多管線有位移情況，以致某些區塊必須架高處理，管線甚多的廁浴就是必須架高的區域，設計師特別在地坪高低差處設置燈光，營造該區塊的輕盈感，將空間中的尷尬議題化為具有飄浮美感的優勢。圖片提供 ⓒ 相即設計

- 細節 - 高低差處的燈光設計同時兼具安全考量，避免稍一不慎踩空，也增加臥房的照明。

481

長型吊燈平衡空間的比例關係

用通透的鐵件樓梯連結一、二樓。白日，陽光從落地窗進入室內，與透空的梯版、扶手展演出迷人光影；入夜後，整個梯間以二樓天花鑲嵌的數盞嵌燈來提供基本亮度。圖片提供 ⓒ 大雄設計

- 細節 - 額外配置一組三種尺寸的 Artemide Castore Sospensione 吊燈，藉由吊燈的長型線條來平衡空間的比例關係，也增添動線過程中的視覺焦點。

482

483

482+483
間接照明與造型天花化解歪斜空間

這是一處缺陷重重的住家空間：格局歪斜，客廳呈 L 型，在視覺觀感與實際使用兩方面都相當不利，因此，設計師以造型層板與間接照明重整線條，讓空間呈現起伏有致的韻律。圖片提供 © 大晴設計有限公司

- 細節 - 間接照明同時化解了高低不一的天花可能出現的壓迫感，將原有缺陷變成特色。

484

聰明打燈修飾樑柱的厚重感

在客廳與書房間,運用清透玻璃搭配不同角度切割、組合而成不鏽鋼材質,打造風格獨具的電視牆,打開空間的開闊度,雖上方巧遇大樑橫亙的窘境,卻利用兩盞投射燈,有效修飾其厚重感。圖片提供 © 界陽 & 大司室內設計

- 細節 - 書房吊櫃下方則嵌入 T5 燈光,輔助閱讀區的照明使用,也增加櫃體的輕盈感。

485

打造舒爽明亮的玄關風景

玄關是進入空間的第一道風景。以烤漆與木作貼皮區隔此場域氛圍,營造出貼近自然的況味,並且採單向導斜方式配置 T5 燈管的間接照明,為了增加亮度,另輔以 LED 嵌燈補強。圖片提供 © 珥本設計

- 細節 - 木作平台下方亦設置有嵌燈,三種不同層次的光源,讓玄關的視覺顯得輕盈明亮,層次多變。

486

隱藏於線條結構的間接照明，讓空間更完美

光影效果柔和的間接照明除了清晰視線的功能外，也具有影響空間線條的視覺效果的作用。當長樑橫越室內，若採傳統包覆手法，勢必降低空間高度，所以特地於橫樑側邊設置間接照明，使其線條柔和而更顯高挑，且使該區塊彷彿有了話語性，使本屬缺陷的橫樑成為空間中的亮點。圖片提供 © 歐斯堤有限公司

- 細節 - 中島料理區天花上方增加嵌燈配置，給予適當的直接照明。

487

懸空打光讓空間「漂浮」起來

拆除原始隔間牆改以玻璃材質帶來穿透性的視覺效果，於架高的地坪下方採懸空打光方式，為空間分界，也帶來輕薄、漂浮感；同時，於一體成型的臥床、邊櫃和窗邊臥榻下方，加入懸空打光設計，營造出漂浮、輕薄的視覺質感。圖片提供 © 界陽 & 大司室內設計

- 細節 - 因樑而衍生的天花造型，藏設間接照明，減弱大樑的存在，也讓光影更有層次變化。

488

不同面向打光創造空間層次感

於質感低調的牆面，運用 L 型鐵架搭配噴砂玻璃製成一方糖燈，俐落造型映照出空間寧靜感；旁側的玻璃屏風，則於上方加入一盞可調角度的投射燈，聚焦出視覺焦點。圖片提供 © 品楨室內空間設計

- 細節 - 搭配天花、壁面、櫃底等等不同面向的燈光，成功創造空間的層次感，減緩小坪數住宅的壓迫感。

修飾空間

489

延展光帶，勾勒空間線條

拆除餐廳一側的衛浴，讓出空間後光線也隨之深入。特地沿著天花拉出一道光帶，與餐桌旁的管道間交錯，勾勒縱橫的空間線條，弱化管道間的厚實存在。同時延展視覺之餘，也與地面交界相呼應，暗示廊道過渡。圖片提供 © 杰瑪設計

- 細節 - 順應茶鏡光帶的棕金色澤，餐廳吊燈也選用古銅金屬色系的「LALU+」吊燈，展現低調輕奢質感。

490

床下燈帶營造飄浮視覺

為了滿足男孩偏愛天空與飛機的心願，架高床架搭配燈帶，一路延伸至床頭櫃的線條感，打造整體的飄浮視覺，同時床頭背牆也內嵌燈帶，上方點綴飛機造型的壁貼，宛若飛機滑翔的光速效果就此生動浮現。圖片提供 © 璧川設計事務所

- 細節 - 下方光源採用 4000K 的色溫，營造真實的太陽光感，同時特意內推一些，讓反射後的光源更為發散柔和，

491

櫃體上下嵌燈，弱化厚實量體

客廳牆面沿樑下設置電視櫃，上下皆不做滿，同時嵌入燈帶，打造懸浮的輕盈視覺，不僅弱化櫃體的沉重，向上的光源也巧妙隱匿厚實樑體，有助拉高空間。而櫃體隔板巧妙採用玻璃光柱作為裝飾，增添光影變化。圖片提供 © 演拓空間室內設計

- 細節 - 採用 3000K 的暖光色溫，不僅與木質櫃體映襯，柔和光暈也有助模糊櫃體邊界。

492

493

494

492
玻璃材質引光入室，與間接光源共構立體懸浮感

白色系的現代空間，藉由大量玻璃材質引光入室，書房利用鋼面結合玻璃腳手法製成書桌，搭配一張透明單椅，讓它宛如隱形了，也讓樹梢的綠意和戶外光線成為空間重點；電視牆採鑽石般的不規則切割面，一路延伸至天花板，下方打上間接燈光，加強其層次感，更具視覺張力，天光與人工間接光共同架構出此空間的立體懸浮感。圖片提供 © 界陽 & 大司室內設計

- **細節** - 客廳後方的臥房採用玻璃隔間，白天時自然光能灑落各個角落。

493
巧妙運用開闔門片彈性引入日光

主臥的兩邊有面外的窗戶，區域自然採光良好，但是一般忌諱床頭有窗，當開窗位置為無法更動的項目時，為了能修飾床頭邊的窗戶，運用特殊的五金角料，沿用床頭背牆的材料，作出可開闔的門片，並隨著需求來遮掩窗戶的存在，讓牆面能夠達到統一的美觀，一方面白天有充分的自然光照、另外在夜晚則以嵌燈為空間內的主要照明。圖片提供 © 知域設計

- **細節** - 主臥角落也設計了離地板高約 21 公分的保安燈，來作為貼心的小夜燈，方便屋主晚上如果要上廁所時走動的安全機制。

494
鋪排間接照明，淡化樑體

主臥沿著牆面、天花鋪排間接照明輔助，不眩光的洗牆效果，避免光線直射眼睛，也修飾床頭樑體。同時在床尾佈局軌道燈，集中投射的光源再加上可調動方向的設計，有助提亮整體空間。圖片提供 © 杰瑪設計

- **細節** - 間照選用 3000K 色溫，柔化樑體邊緣，暖黃光暈也能穩定臥室氛圍，更為靜謐好眠。

修飾空間

495

496

497

495+496
間接照明避開大樑化解低矮

24 坪的新成屋，以中島吧檯整合餐桌串聯起客廳與廚房之間的距離，同時提供熱愛烘焙的屋主一個得以發揮的空間，由於餐廳上方面臨大樑經過，為避免懸掛燈具造成壓迫，設計師利用天花施作間接照明，並搭配筒燈輔助亮度，而間接照明向上投射的光影也有拉高空間的作用。圖片提供 © 甘納空間設計

- 細節 - 相鄰餐廳的一側房間，是屋主與友人相聚的架高和室，隔間局部使用格紋玻璃，同樣也有引光至中島的功能。

497
投射光源創造空間的多元變化

位處室內中心位置的用餐區成為連結各個不同場域的中介區塊，藉由木質滑門與可移動、旋轉的電視牆，充分展現出空間隨使用模式調整的機動與多變性，是在開放中亦能保有私密感的做法，今日則結合投射燈光的設置，讓滑門內也能創造出令人神往的空間感。圖片提供 © 竹工凡木設計研究室

- 細節 - 可滑動、旋轉的滑門與隔屏，創造了空間在不同使用模式之下的對應，並結合燈光設計創造不同感受，具機動性的設計與空間使用方式，增添了家的多元可能。

498

499

500

498

主燈、軌道燈彈性改變空間表情

客廳的日間光線算是相當充足，電視立面同時整合展示、貓屋，利用平頂式天花設計爭取保留屋高，夜晚以造型主燈加上電視牆上端的軌道燈具，讓空間裡的燈光具有層次變化，充滿舒適的氛圍。圖片提供 © 甘納空間設計

- 細節 - 客廳選用透光較佳的紗簾，光線經過篩落成為美麗的光影，軌道燈也能依據需求調整投射角度。

499

小坪數空間，燈光與顏色的相乘放大術

臥房延伸公共區域的間接照明至天花與床頭櫃營造舒眠氛圍，菱型格柵讓自然光灑進時也能增添光影層次。將間接照明光源藏在床頭內，透過牆面往上投射至天花板，床頭板設計些許溝渠，使光束可先沿溝渠照射在床頭併布的紋路，將其突顯出來，並投射於牆面形成微微光帶與天花相呼應，為牆面及天花帶來修飾放大效果。圖片提供 © 分子設計

- 細節 - 冷暖色系的結合增加了空間質感，米白色床頭和天花同樣使用 T5/LED 燈，色溫皆為 3000K 暖光；而右側深色牆壁有設立隱藏門，推開後能通往衛浴，讓空間動線視覺平順而不會產生突兀感。

500

讓踏階變輕、樓高更修長的光之魔力

由於樓高的條件足夠，利用踏階下方規劃儲藏室，賦予樓梯多元機能：連結場域、串聯生活場景與儲物的功能，為了減低這聚合型量體的重量，將光源從樓梯的頂端往下打，讓光線順著踏階的鋼絲扶手往下延伸，拉長空間的視覺線條。圖片提供 © 禾光室內裝修設計

- 細節 - 踏階下方嵌入嵌燈，藉由燈光讓踏階更具漂浮感，帶出修長輕巧的視覺感受。

修飾空間

國家圖書館出版品預行編目(CIP)資料

設計師不傳的私房秘技：照明設計500 / 漂亮家居編輯
部作. -- 2版. -- 臺北市：麥浩斯出版：家庭傳媒城邦分
公司發行, 2020.04
　　面；　公分. -- (Ideal home ; 65)
ISBN 978-986-408-591-0(平裝)

1.照明 2.燈光設計 3.室內設計

422.2　　　　　　　109003034

IDEAL HOME 65

**設計師不傳的私房秘技
照明設計 500**

作者　　　漂亮家居編輯部
責任編輯　許嘉芬
文字編輯　余佩樺、洪雅琪、王馨翎、陳頙如、
　　　　　黃婉貞、許嘉芬、蘇聖文、陳婷芳、
　　　　　鄭雅分、李亞陵、李與真、Chris
封面設計　白淑貞
美術設計　鄭若誼、白淑貞、王彥蘋
行銷企劃　李翊綾、張瑋秦

發行人　　何飛鵬
總經理　　李淑霞
社長　　　林孟葦
總編輯　　張麗寶
副總編輯　楊宜倩
叢書主編　許嘉芬

製版印刷　凱林彩印股份有限公司
版次 2020 年 04 月 2 版一刷
定價　新台幣 499 元 Printed in Taiwan
著作權所有 · 翻印必究（缺頁或破損請寄回更換）

出版　城邦文化事業股份有限公司
麥浩斯出版 地址　104 台北市中山區民生東路二段 141 號 8 樓
電話　02-2500-7578
E-mail　cs@myhomelife.com.tw

發行　英屬蓋曼群島商家庭傳媒股份有限公司城邦分公司
地址　104 台北市中山區民生東路二段 141 號 2 樓
讀者服務專線　0800-020-299
讀者服務傳真　02-2517-0999
Email　service@cite.com.tw
劃撥帳號　1983-3516
劃撥戶名　英屬蓋曼群島商家庭傳媒股份有限公司城邦分公司

香港發行　城邦（香港）出版集團有限公司
地址　香港灣仔駱克道 193 號東超商業中心 1 樓
電話　852-2508-6231
傳真　852-2578-9337
電子信箱 hkcite@biznetvigator.com
馬新發行　城邦（馬新）出版集團 Cite(M) Sdn.Bhd.
地址　41, Jalan Radin Anum, Bandar Baru Sri Petaling,
　　　57000 Kuala Lumpur, Malaysia
電話　603-9057-8822
傳真　603-9057-6622
總經銷　聯合發行股份有限公司
電話　02-2917-8022
傳真　02-2915-6275